把饭做成画

巧厨娘艺术美食

郭莉娜 著

青岛出版集团 | 青岛出版社

图书在版编目（CIP）数据

把饭做成画 / 郭莉娜著 . — 青岛 : 青岛出版社，
2023.3

ISBN 978-7-5736-0967-0

Ⅰ . ①把…　Ⅱ . ①郭…　Ⅲ . ①菜谱　Ⅳ .
① TS972.12

中国国家版本馆 CIP 数据核字 (2023) 第 036308 号

BA FAN ZUOCHENG HUA

书　　名　把饭做成画
著　　者　郭莉娜
出版发行　青岛出版社
社　　址　青岛市崂山区海尔路182号（266061）
本社网址　http://www.qdpub.com
邮购电话　0532-68068091
策划编辑　周鸿媛　王　宁
责任编辑　逄　丹　刘　倩
特约编辑　王　燕
装帧设计　LE.W　毕晓郁　叶德永
制　　版　青岛千叶枫创意设计有限公司
印　　刷　青岛名扬数码印刷有限责任公司
出版日期　2023年3月第1版　2024年9月第2次印刷
开　　本　16开（710毫米 × 1010毫米）
印　　张　10.5
字　　数　180千
图　　数　427幅
书　　号　ISBN 978-7-5736-0967-0
定　　价　49.80元

编校印装质量、盗版监督服务电话　4006532017　0532-68068050
建议陈列类别：美食类　生活类

目录

1 第一章

盘子里的风景

2 第二章

美食里的莫奈

3 第三章

舌尖上的凡高

第四章

国风里走出的面点

第五章

把蛋玩出花样来

6 第六章

送你一座童趣乐园

1 第一章

盘子里的风景

帽子草莓大福

把大福做成帽子的形状，戴在草莓上，往盘子里一放，像极了在樱花盛放的季节，拣一席草地席地而坐，头戴小圆帽的女子。糯米皮包裹着轻盈的奶酪与草莓味的内馅儿，入口即是一次怦然心动，快一口吃掉这个带着春日气息的甜品吧！

材料

糯米粉………100 克
玉米淀粉……25 克
黄油……………25 克
牛奶…………160 克
细砂糖…………25 克
马斯卡彭奶酪··50 克
淡奶油…………8 克
草莓……………若干
草莓粉、抹茶粉……
…………………各适量

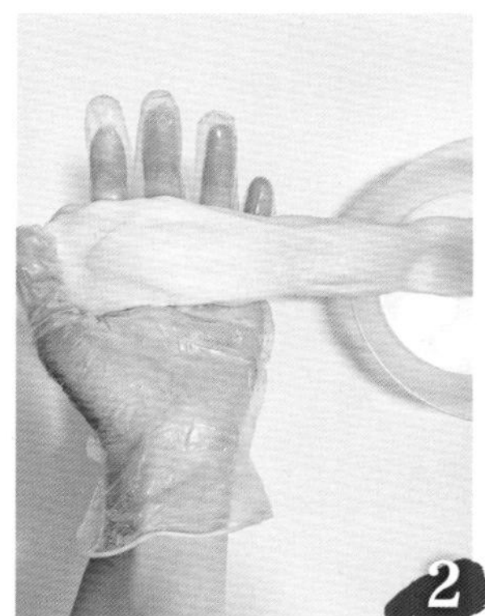

步骤

1. 将黄油化开，加入糯米粉、玉米淀粉、15 克细砂糖、牛奶混合均匀，过滤后倒入不粘锅中，小火翻炒至抱团状态。

2. 稍微冷却后取出，用手揉成面团，反复拉扯至可拉长且不断的状态。

3. 将面团分成两大两小，取其中一大两小，分别加入草莓粉、抹茶粉调出粉色、浅粉色和绿色面团（浅粉色面团较大）。

4. 马斯卡彭奶酪加入淡奶油、10 克细砂糖搅打至顺滑，装入裱花袋中。

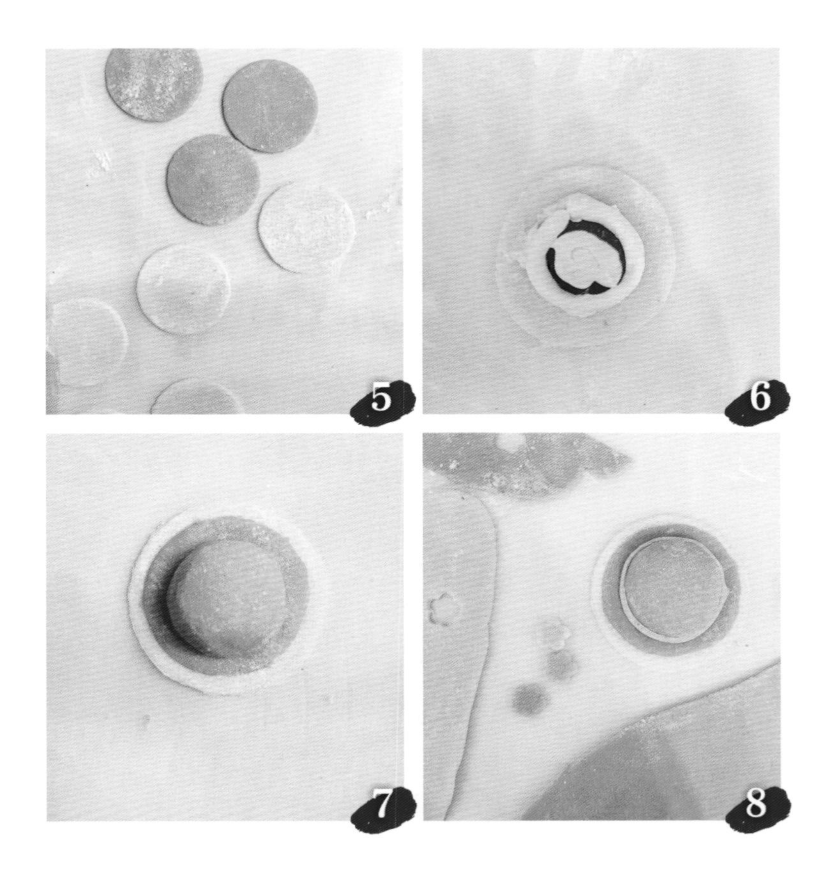

5. 将面团分别擀薄，各压出直径 6 厘米的圆片。彩色面片可以直接用来做帽子，也可做成混色的，做法是取几块彩色面团搓长，拧成麻花，再揉成面团，擀薄，同样压出直径 6 厘米的圆片。

6. 取一块白色面皮，用裱花袋挤出一圈奶酪，取部分草莓切成块，放在奶酪上，再挤上一点儿奶酪覆盖住。

7. 盖上彩色面皮，整理好，边缘压紧。

8. 用绿色面皮做丝带，用模具将三色面团压成花，都装饰在帽子上，再将帽子盖在一颗完整的草莓上即可。

画中旁白

1. 帽子的帽檐、丝带、装饰花朵都可以随个人的喜好进行搭配，多几种组合会很有趣。
2. 剩余的边角料可以压成小花或樱花花瓣的样子，装饰在盘子里。

绿野仙踪透明蛋糕

夏天最不缺灿烂且奔放的浪漫和令人沉醉的绿。想到山里去，寻一室清凉，沉溺在绿意里。这款蛋糕用奶酪随意涂抹出一片心中的绿境，吃起来的口感很像布丁，是夏日清凉甜品的不错选择。

材料

蜜桃味气泡水·· 700 毫升
白凉粉 ·················· 35 克
奶油奶酪··············· 50 克
抹茶粉、紫薯粉、草莓粉、
深黑可可粉、红曲粉 ······
··························· 各少许
铜钱草 ·····················几株

步骤

1. 白凉粉倒入蜜桃味气泡水中，拌匀，加热至沸腾。
2. 倒入模具中，静置凝固后脱模。
3. 取部分奶油奶酪加入抹茶粉，调成浅绿色；部分加入草莓粉，调成粉色；部分加入紫薯粉，调成紫色；部分加入抹茶粉后再加入一点儿深黑可可粉，调成深绿色；部分加入红曲粉，调成红色。
4. 取一些白色、浅绿色、深绿色奶油奶酪，交错式涂抹在蛋糕周围，作为底色。再用紫色、红色、白色和粉色奶油奶酪点状涂抹成花朵，最后插上铜钱草装饰即可。

画中旁白

1. 气泡水可以选择自己喜欢的口味。

2. 凉粉冻容易出水，所以画的时候速度要快。

夏日清凉蜜瓜果篮

除了恼人的暑气，夏日称得上是万物可爱。晴空、浮云、幽荷，满眼的绿色，让人躁动不已，想往外奔去。但是窗前的热浪又把自己拉回现实，不如在家做一份清凉的果篮吧！

材料

哈密瓜…………1个
淡奶油……50毫升
牛奶………100毫升
吉利丁…………9克
洋甘菊………… 适量
薄荷叶………… 少许

1

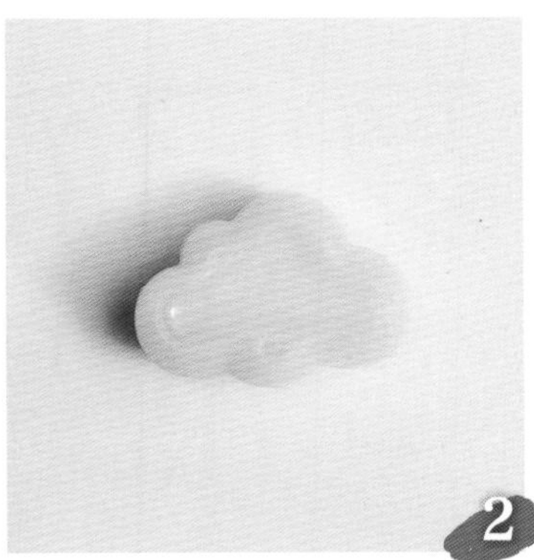

2

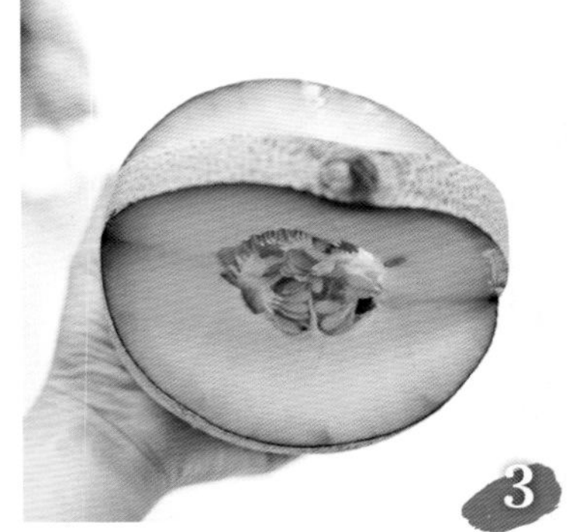

3

4

步骤

1. 牛奶中加入淡奶油，加热至温热，加入泡软的吉利丁，搅拌至化开。

2. 部分倒入云朵模具里，其余倒入保鲜盒中，一起放入冰箱冷藏至凝固，将云朵模具中的奶冻脱模，其余的切成块。

3. 将哈密瓜顶部切下两角，大致成为果篮的样子。

4. 挖出哈密瓜的子，边缘用刀削出半圆形花边。

5. 切下的哈密瓜部分用挖球器挖出果肉，与奶冻块一起交错放入果篮里。

6. 最上面摆入云朵形奶冻，最后装饰上洋甘菊和薄荷叶。

5

6

画中旁白

1. 果篮的花边形状可以自己进行创意。
2. 同样的方法也可以做出橙子果篮、柚子果篮、西瓜果篮，给夏日多添点儿风情。
3. 果篮提手上可以用丝带绑上蝴蝶结，更具仪式感。

雨落黑芝麻糊

一场秋雨过后，秋天就猝不及防地撞了过来。简单的黑芝麻糊，用淡奶油画上几笔，就像秋雨滴滴答答地落在上头，那就笑饮一碗秋色浓吧！

材料

黑芝麻糊

- 黑芝麻…………70 克
- 花生……………10 克
- 炒香的糯米…20 克
- 红枣………………3 克
- 冰糖……………10 克
- 水…………… 300 克

装饰

- 淡奶油………… 适量
- 竹炭粉………… 少许
- 杧果干………… 适量
- 落叶…………… 若干

步骤

/ 黑芝麻糊 /

1. 将所有做黑芝麻糊的材料倒入破壁机中，用米糊功能做成熟的黑芝麻糊，倒入帽碟中。

/ 装饰 /

2. 取少许黑芝麻糊，加入淡奶油，调成浅灰色。再取少许黑芝麻糊，加入竹炭粉，调成黑色。用勺子背蘸上浅灰色糊，在黑芝麻糊上抹出一片区域。

3. 勺子柄蘸上淡奶油画出涟漪，用黑色糊画出涟漪的边缘和阴影。

4. 将杧果干剪碎，撒在表面，再摆上几片落叶装饰。

画中旁白

1. 淡奶油也可以用杏仁露代替，味道更特别。
2. 如果用绿色的叶子装饰，就会变成夏日风景，别有一番情趣。

郁金香蒸饺

我喜欢家里富有花的气息，连盘子里也要盛放花的浪漫。把水饺做成郁金香花苞的模样，用蒜薹做花枝，把菠菜面皮切成叶子状，简单摆一下就美得令人心动。

材料

饺子皮

- 中筋面粉…… 300 克
- 盐 ……………………1 克
- 水 ………………145 克
- 胡萝卜粉…………2 克
- 甜菜根粉…………2 克
- 菠菜粉 ……………5 克
- 蒜薹………………6 根

馅料　同 p.31 馅料材料

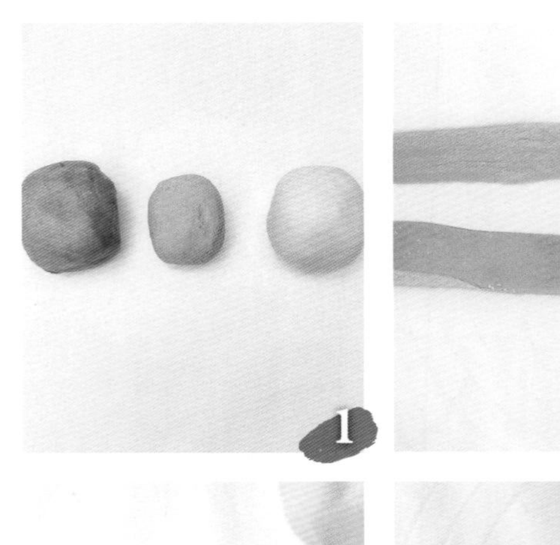

步骤

1. 中筋面粉加入盐混合，再加入水，搅拌成絮状，揉成面团，醒发 15 分钟后再揉 3 分钟，分成三块。取一块面团加入胡萝卜粉和甜菜根粉，调成粉色；另取一块面团加入菠菜粉，调成绿色。

2. 将白色面团搓成长条，压平。粉色面团一分为二，搓成长条，放在白色面皮上下边缘处，压紧，横向擀薄，再左右对折，擀薄。

3. 用模具压出圆形的面皮。

4. 按照 p.32 馅料做法拌好饺子馅。将面皮翻过来，包入馅料，对折捏紧，馅料往中间收。

5. 左右两个角压薄一些，向中间折叠，顶部压两个凹口。

6. 将绿色面皮擀薄，用刀划出叶子形状，底部包住蒜薹，摆在盘子里，蒜薹顶部摆上做好的饺子。蒸锅上汽蒸 15 分钟。

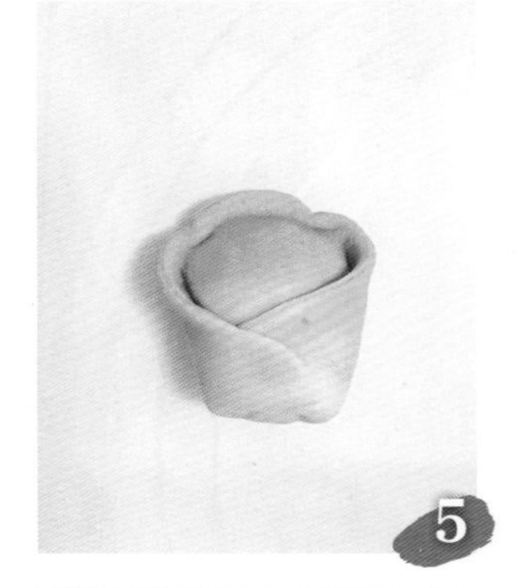

画中旁白

因为郁金香的颜色是偏蜜桃色的粉色，用单一的色粉难以调出，所以用了两种粉混合调色。也可以直接用蜜桃色的食用色素调色。

湖心岛提拉米苏巴斯克蛋糕

想起那个在湖心岛醒来的清晨，万物缥缈，美得不似人间，那个瞬间一直珍藏在心里。来日方长，总可以再抵达的吧！再不济，做成巴斯克蛋糕，让藏在心底的记忆重现。

材料

巴斯克蛋糕

- 奶油奶酪……250 克
- 细砂糖…………30 克
- 鸡蛋………………2 个
- 蛋黄………………1 个
- 低筋面粉…………6 克
- 淡奶油…………120 克

提拉米苏

- 蛋黄………………1 个
- 细砂糖…………20 克
- 马斯卡彭奶酪‥120 克
- 吉利丁片…………8 克
- 淡奶油…………140 克
- 抹茶粉…………15 克

装饰

- 干玫瑰花………… 适量
- 吉利丁片…………4 克
- 抹茶粉………… 适量
- 翻糖……………… 适量
- 食用色素（红色）……………………… 少许

步骤

/ 巴斯克蛋糕 /

1. 室温软化好奶油奶酪，加入细砂糖拌匀。2 个鸡蛋打散成蛋液，加入蛋黄搅匀，分三次加入奶油奶酪中拌匀，加入淡奶油搅拌均匀，再筛入低筋面粉，搅拌至无颗粒状。

2. 模具里铺好油纸，以过筛的方式倒入步骤 1 中搅拌好的奶油奶酪糊，放入烤箱，以 220℃烤 20 分钟左右，不用从模具中取出，放凉。

/ 提拉米苏 /

3. 蛋黄加入细砂糖隔水加热，搅打至变白，加入泡软的吉利丁片，拌匀，加入马斯卡彭奶酪搅拌至无颗粒状，成为马斯卡彭奶酪糊。

4. 淡奶油打发至八分发，倒入马斯卡彭奶酪糊，再筛入抹茶粉，翻拌均匀，提拉米苏糊制作完成。

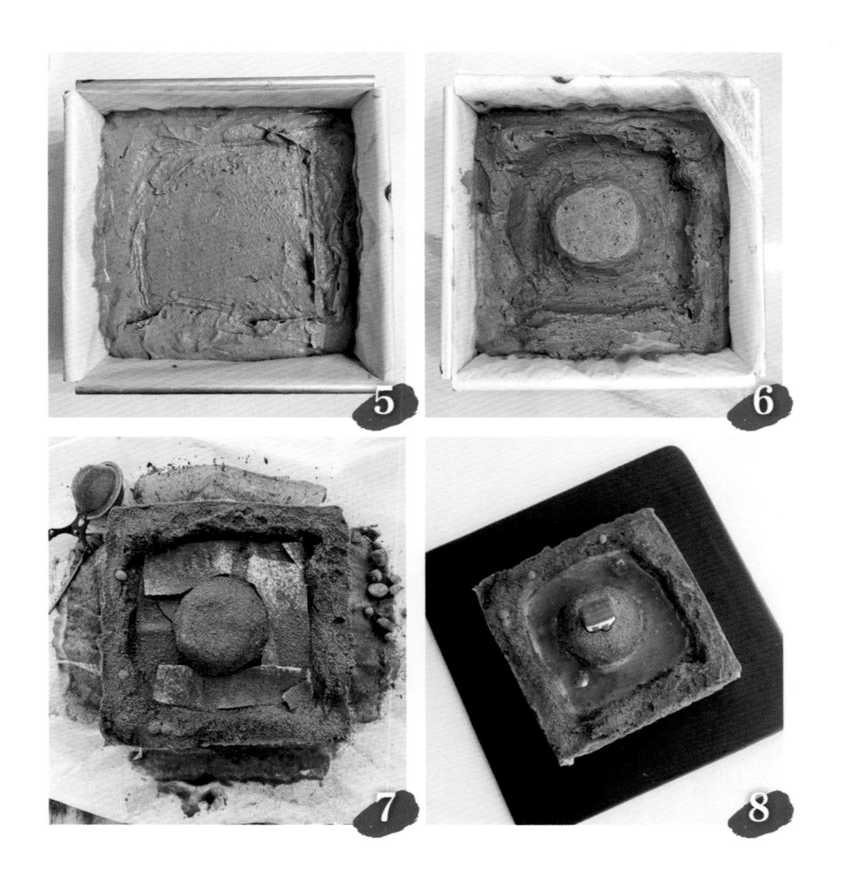

/ 组合 /

5. 在冷却的巴斯克蛋糕上倒入提拉米苏糊，表面不用抹平，保留凹凸感。将整个蛋糕放入冰箱中冷藏 4 小时以上。

6. 用勺子在提拉米苏层上挖出湖与岛，挖出来的部分可以用来把岛填高。

7. 干玫瑰花加适量热水泡成玫瑰茶，趁温热取 100 毫升，加入泡软的吉利丁片拌匀，冷却后倒入蛋糕的湖道中。放入冰箱中冷藏至凝固，剪几片油纸盖住湖面部分，筛一层抹茶粉。

8. 将翻糖分出一部分，用食用色素染成红色，作为小屋的屋顶和门窗，其余部分作为小屋的主体，组装成翻糖小屋，摆在岛上，湖面上撒少量干玫瑰花花瓣装饰即可。

画中旁白

1. 这是一个景观蛋糕，可以根据自己的想法进行创作。
2. 玫瑰花茶也可以用椰汁或气泡水代替。

地球极光雪媚娘

从太空望一眼地球，去极地看一场极光，前者是遥不可及的梦，后者是错过就会遗憾的事。这款雪媚娘融合了地球的蓝绿色和极光的炫彩，软糯的外皮和清新的内馅，每一口都让人直呼上瘾。

材料

雪媚娘皮
- 糯米粉…………55 克
- 细砂糖…………25 克
- 玉米淀粉………15 克
- 黄油……………10 克
- 牛奶……………85 克

夹心
- 淡奶油……… 250 克
- 细砂糖…………20 克
- 饼干碎………… 适量

其他
- 蓝莓粉…………3 克
- 蝶豆花粉………3 克
- 抹茶粉…………3 克

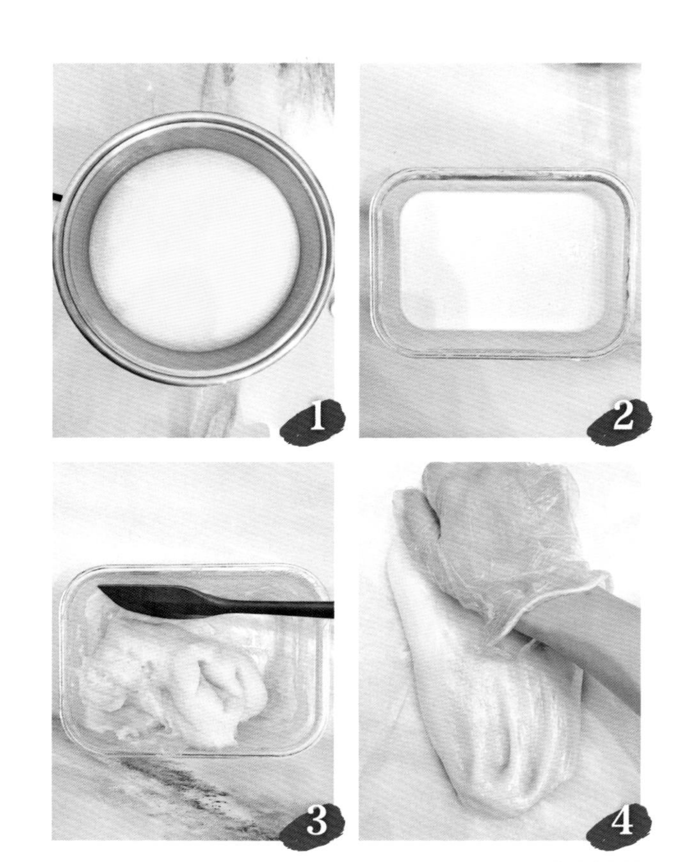

步骤

/ 雪媚娘皮 /

1. 牛奶中加入细砂糖、黄油，加热，搅拌至黄油化开。
2. 倒入混合好的糯米粉和玉米淀粉中，拌匀。过筛入容器中，盖上保鲜膜，扎上洞，蒸锅上汽后蒸 20 分钟。
3. 取出后用刮刀翻拌均匀。
4. 将面团放至温热，用手揉成光滑且拉伸不易断的状态，冷藏 2 小时备用。
5. 将面团分成三份，分别加入蓝莓粉、部分蝶豆花粉、部分抹茶粉，调成蓝色、紫色、绿色面团。

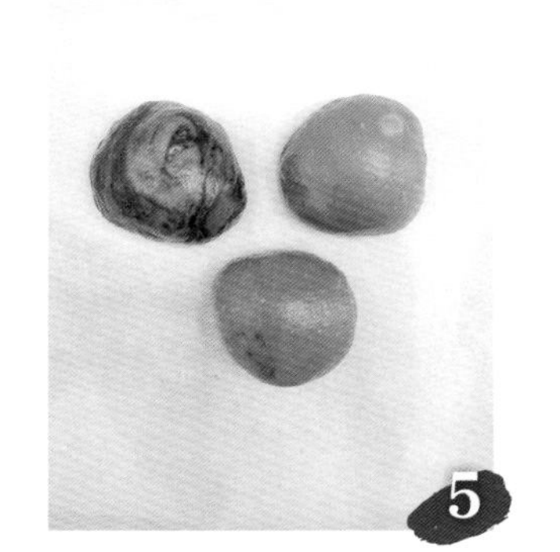

6. 将三色面团分别搓成长条，拼在一起，拧成麻花状。

7. 均匀地分成 6 份，擀薄成饼皮备用。

/ 夹心 /

8. 淡奶油中加入细砂糖打发，分成 2 份，分别用剩余的蝶豆花粉和抹茶粉调成蓝色奶油和绿色奶油。

9. 饼皮放在模具上，挤入绿色奶油，放上饼干碎，再挤上蓝色奶油。

/ 组合 /

10. 用包包子的手法包好，放入冰箱冷藏 1 小时以上。

画中旁白

1. 一定要戴烘焙手套操作，制作过程中随时撒上熟粉防粘。
2. 皮不要擀得太薄，容易破，新手可以将面皮分成 5 份操作比较稳妥。
3. 夏天一定要在低温空调房里操作。
4. 家里如果有蛋黄酥盒，可以将做好的雪媚娘倒扣入半球形的盒中冷藏，形状会比较硬挺。

布达佩斯大饭店酱油炒饭

假期重温了一遍韦斯·安德森的电影《布达佩斯大饭店》，于是萌生了做这道炒饭的想法。用酱油炒饭堆成山岭，山药泥抹成积雪，再用冰皮山药糕捏出饭店，将它们组合在一起就成了我盘中的布达佩斯大饭店。有人说韦斯·安德森的电影无关逻辑、无关故事，欣赏就对了！这份炒饭亦如此。

材料

白米饭………2 大碗
蛋黄………………2 个
山药………… 300 克
黄油………………5 克
椰浆……………10 克
冰皮粉 ………100 克
老抽……………20 克
生抽……………10 克
蚝油……………10 克
蘑菇……………… 几朵
食用色素（粉色、蓝色）………… 少许
糖霜……………… 适量
食用油………… 适量

1

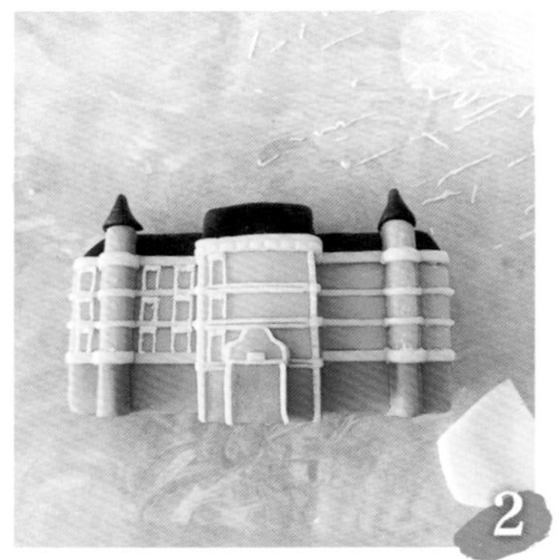
2

3

4

步骤

1. 山药蒸熟、去皮，压成泥，加入椰浆、黄油炒成团，取一部分山药泥整理成长方体。

2. 冰皮粉加水揉成冰皮后分成 3 份，取 2 份加入粉色食用色素，调成深浅两种粉色，包裹住长方体山药泥，做成饭店的主体。再取一份冰皮，用蓝色食用色素调成蓝色冰皮，捏成饭店屋顶，粘在饭店上。用糖霜画出门窗。

3. 白米饭里打入蛋黄，抓拌均匀。

4. 食用油烧热，倒入米饭炒至呈金黄色。淋上生抽、老抽、蚝油，炒匀，制成酱油炒饭。

5. 将酱油炒饭堆在盘中，整理成山岭。

6. 铺上山药泥做成雪山。插上几朵蘑菇，并抹上剩余的山药泥作为松树上的落雪。摆上做好的饭店。

5

6

画中旁白

1. 如果觉得饭店造型太过复杂，也可以做一个简单的粉蓝色小房子摆上，也别有风情。
2. 酱油炒饭里也可以加入玉米粒、火腿等，根据自己的喜好进行选择即可。

第二章

美食里的莫奈

莫奈睡莲水饺

晚年的莫奈热衷于画睡莲，仅 1897 年至 1926 年间以《睡莲》为名的作品就创作了 181 幅。这次取其中一幅作品做成水饺，换了一种方式来欣赏那缀满浪漫的莲池。

材料

饺子皮

- 中筋面粉…… 400 克
- 水……………180 克
- 淀粉……………40 克
- 食用色素（紫色、粉色、黄色、蓝色）……………………少许

馅料

- 虾仁…………100 克
- 白菜………… 250 克
- 猪腿肉…………1 勺
- 酱油……………1 勺
- 蚝油……………1 勺
- 盐………………1 勺
- 味粉…………… 适量
- 葱……………10 克
- 姜………………5 克
- 食用油…………1 勺

步骤

/ 饺子皮 /

1. 将中筋面粉和淀粉混合均匀，倒入水，用筷子搅拌成絮状，揉成光滑的面团，盖上保鲜膜，静置 5 分钟。

2. 将面团倒在揉面垫上，再揉 1 分钟，盖上保鲜膜松弛 5 分钟，再重复揉面、静置一次。

3. 根据图中配色分别加入各种色素，将各色面团揉好，裹上保鲜膜。

4. 将紫色、灰蓝色、浅紫色面团搓成长条，拧成麻花状，折叠两次，切成 10 克左右的剂子，擀成饺子皮。

5. 用浅粉色面团做出莲花的形状，粘在饺子皮上，再粘上其他颜色的面团，擀平。

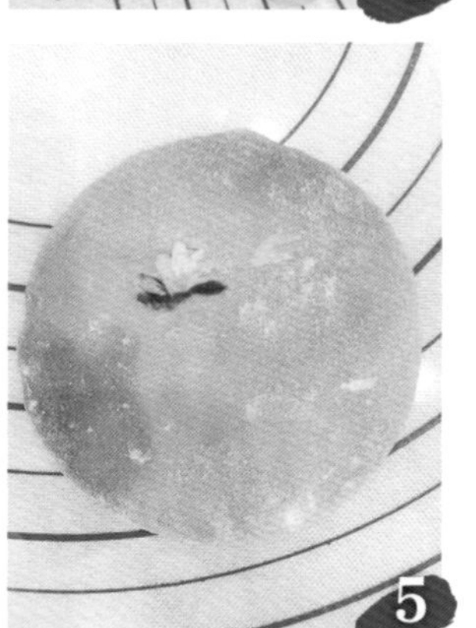

/ 馅料 /

6. 将葱、姜切碎，倒入 2 勺水浸泡，放入冰箱冷藏备用。将猪腿肉、虾仁分别剁成泥。白菜切碎。分三次将葱姜水倒入猪肉泥中，每倒一次需搅拌至姜葱水吸收，再倒下一次。

7. 倒入虾泥、白菜碎，混合均匀，加入酱油、蚝油、盐、味粉调味。再倒入食用油，顺时针搅拌至黏稠。

/ 组合 /

8. 取一张水饺皮，在中间位置舀入馅料。

9. 对折捏紧，两端向下弯折、捏紧。

10. 做好的水饺放入蒸锅内蒸 15 分钟即可。

画作重温

论及艺术中的光影美学，莫奈当属引领者。他一反强调物体轮廓的传统画法，开创了记录色彩在光与影下变化的技法，通过在不同的光线和角度下连续画同一个物体，反复实验、探求色彩的变化规律与形体的关系，让事物的瞬间印象凝驻于画布之上，革新了视觉体验。

莫奈睡莲吐司画

用奶油奶酪在吐司上画睡莲，想象成自己与莫奈在一起作画。用红曲粉、抹茶粉、紫薯粉和蝶豆花粉调色。先将吐司烤一下，这样吃起来口感会更棒，在上面作的画也更美。

材料

吐司……………1片
奶油奶酪……60克
抹茶粉…………5克
竹炭粉…………1克
蝶豆花粉………2克
紫薯粉…………2克
甜菜根粉………3克
红曲粉…………2克

步骤

1. 将吐司烤至表面较硬脆。取部分奶油奶酪，用蝶豆花粉、抹茶粉分别调成蓝色和绿色，按照不同区域，在吐司上用两种颜色的奶油奶酪分别涂抹基础色。

2. 取一些白色奶油奶酪叠加涂在有颜色的区域边缘，涂抹出层次。

3. 用相应颜色的奶油奶酪画出莲叶。

4. 用甜菜根粉和紫薯粉加入剩余的奶油奶酪，调成红色和紫色的奶油奶酪，画出星星点点的睡莲。最后在各种颜色的奶油奶酪中加入竹炭粉，调成较深的颜色，用来整体加强一下阴影部分，让画面感更强。

画作重温

莫奈有多沉迷于画睡莲？他会在凌晨三点起床，连续几个小时守在池塘边，观察花、水、风、光变幻的姿态，然后将细微的变化刻画于纸上。即使晚年他患了眼疾，在临近生命最后的阶段，他依然在室内画巨幅睡莲，里面尽是他满腔的热爱与心无旁骛的沉迷。《睡莲》系列是莫奈艺术生涯的高光之作，也是世界艺术史上的璀璨之星。

莫奈睡莲青豆浓汤

回答小朋友什么是浓汤的问题时，瞄到了桌上的青豆浓汤，觉得它很适合用来呈现莫奈的《睡莲》，于是马上安排了。只需要青豆浓汤和淡奶油，几分钟就可以速涂一幅睡莲，浓汤与淡奶油的相融与流动，如即刻变幻的光影，每一勺都美得不像话。

材料

黄油……………10 克
洋葱……………50 克
青豆………… 200 克
盐 ………………… 少许
鸡汤………… 250 克
淡奶油 ………… 适量
茉莉花 ………… 若干
竹炭粉 ………… 少许
甜菜根水……… 少许

步骤

1. 将黄油化开，加入洋葱炒至变白，再倒入青豆翻炒，加入盐，再倒入适量水煮 15 分钟，沥干水，倒入破壁机里，加入鸡汤，打成浓汤。

2. 取少许浓汤，加入竹炭粉，调成深绿色，备用。其余的浓汤倒入盘中。

3. 淋上淡奶油划分区域，用勺子沾少许浓汤抹成渐变色，用深绿色浓汤画出细节。

4. 将部分茉莉花取下花瓣，用甜菜根水刷成粉色，撒在浓汤上，再将两三朵茉莉花摆在浓汤中作为睡莲。

画中旁白

1. 汤底可以根据自己的喜好去调整，也可以换成芦笋浓汤。
2. 淡奶油可以淋在不同的区域，尽情发挥创意吧！

莫奈睡莲马卡龙

做了锦玉羹版的睡莲马卡龙。用手捏睡莲时，一股幸福感攀着指尖跳跃起来。两边是酥脆的马卡龙壳，中间是栩栩如生的睡莲。你看世间的浪漫与温柔共聚于此，多么美好啊！

材料

马卡龙饼体

a 部分：

糖粉……………50 克

杏仁粉…………50 克

蛋白……………15 克

抹茶粉………… 适量

b 部分：

细砂糖…………8 克

蛋白……………18 克

水 ………………12 克

白砂糖…………44 克

锦玉羹夹心

寒天粉…………2 克

细砂糖…………80 克

水饴……………10 克

水 ………………80 克

练切皮………… 适量

食用色素（粉色、绿色）………… 少许

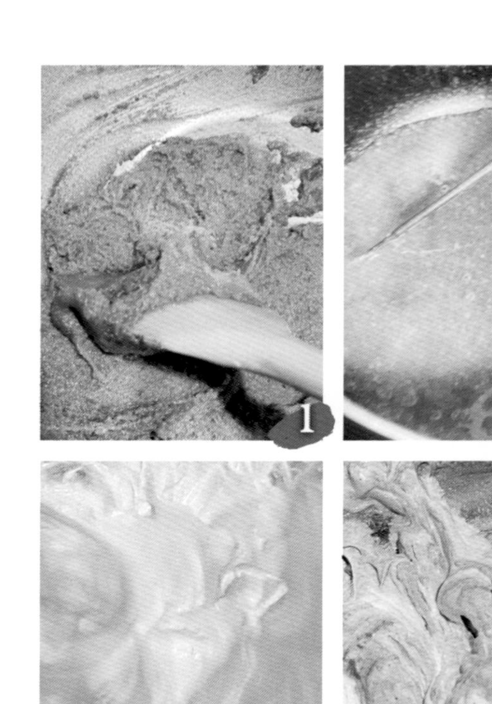

步骤

/ 马卡龙饼体 /

1. 将 a 部分中的糖粉、杏仁粉混合均匀后过筛，加入抹茶粉和蛋白搅拌均匀 。

2. 将 b 部分中的水和白砂糖放入奶锅中，熬煮至 116℃ 。

3. 将 b 部分中的蛋白加入细砂糖打发至较结实、坚挺的状态，分三次倒入煮好的糖水，边倒边高速搅打，打至蛋白霜纹路清晰、温度为 40℃左右。

4. 将做好的 a 部分和 b 部分混合均匀，装入裱花袋中。

5. 挤在铺好油纸的烤盘上，放置在通风处。晾至用手摸表面不粘手的状态。

6. 烤箱预热至160℃，放入马卡龙饼体烤15分钟，取出，备用。

/ 锦玉羹夹心 /

7. 练切皮分别用粉色、绿色色素调色，再分别捏成莲花和莲叶的形状。

8. 寒天粉加入水拌匀，加热煮沸，再加入细砂糖搅拌至化开，关火后加入水饴，搅拌均匀。

9. 先舀入一点儿液体到模具中，待凝固后放入莲叶，再舀入一点儿液体，凝固后放上莲叶和莲花，一层层叠加至自己想要的高度。

/ 组合 /

10. 锦玉羹凝固后脱模，夹入马卡龙饼体中间即可。

1. 锦玉羹夹心做好后也可单独食用，摆放在透明玻璃器皿中更显得晶莹剔透。
2. 相对于其他甜点来说锦玉羹含糖量较低，适合作为茶点。

莫奈睡莲面条

一碗氤氲着热气的面是排解忧愁的良药，吃进肚里既温暖又舒服。在面上做点花样，虽然看起来折腾，其实很值得一试！尤其是宅家期间作为消遣，只需要用面粉和水就可以完成一碗治愈人心的面了。

材料

中筋面粉····· 200 克
水··················90 克
盐····················1 克
食用色素（绿色、蓝色、红色、黄色、黑色）············少许

步骤

1. 中筋面粉中加入盐和水，揉成光滑的面团，再分成小块，加入相应颜色的色素，调成蓝色、绿色、黄色、浅蓝色、浅绿色面团。

2. 将浅蓝色、浅绿色、白色面团擀成面片，切成如图形状，拼好。

3. 再对折一下。

4. 将面团擀长擀薄，折叠，再擀长擀薄至呈渐变色（大概操作七八次）。先贴上各种颜色的面团，再将黑色、红色色素加水调匀，画出睡莲及阴影部分，最后用刀将面片切成长条。

莫奈日出面条

在黄浦江畔看日出，从霞光钻出云层到满江波光粼粼，这绚丽的日出景象令人沉醉。爱极了这日光与月辉交替时分，联想起莫奈的《日出印象》，于是就想着将它做成面条吧！面条下锅的时候便觉得，日出时刻的浪漫与温柔都在这锅里翻滚。

材料

中筋面粉……150 克
水………………70 克
盐…………………1 克
食用色素（橙色、紫色、蓝色）··少许
蝶豆花粉……… 适量

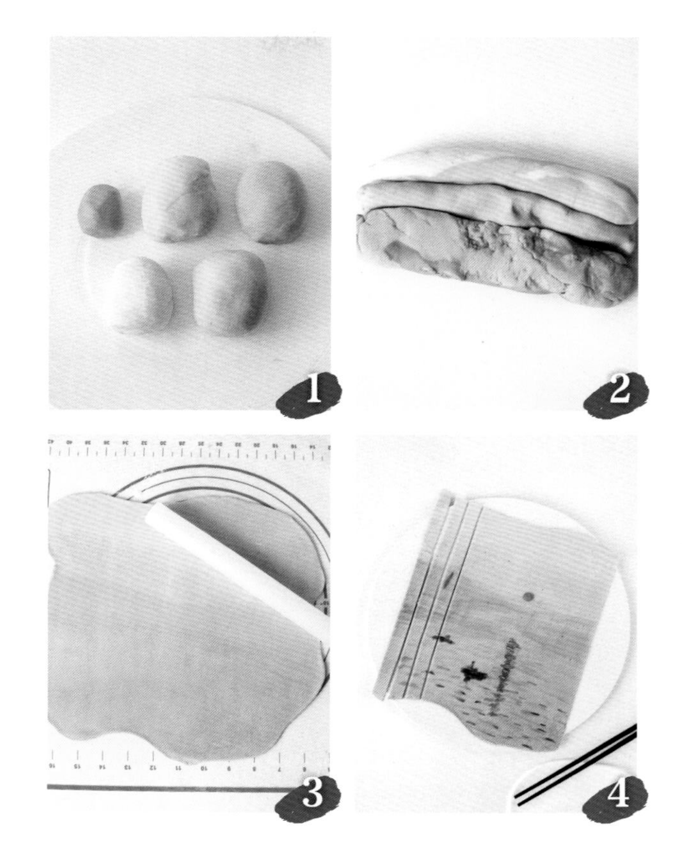

步骤

1. 中筋面粉中加入盐，倒入水，搅拌成絮状，揉成面团，盖上保鲜膜，醒发 15 分钟，再揉 2 分钟，将面团分成 5 份，然后加入橙色、紫色、蓝色色素调成各色面团。

2. 将白色面团、大部分橙色面团搓成长条，扭成麻花，搓长；将浅蓝色面团和蓝色面团搓成长条，扭成麻花，搓长。将紫色面团搓成长条。将扭好的两种面中间夹入紫色面，使其粘在一起。

3. 纵向擀平，再横向擀平，上下、左右向中间折叠，再左右擀开，反复折叠三至四次，擀平成面片。

4. 用蝶豆花粉加少许水调成蝶豆花水，在面片上画出船和海浪。用橙色色素加白色面团调成深一些的橙色面团，制作太阳和水中的倒影，粘在上面。最后用刀切成宽面条。

画中旁白

面团调色的方法有两种：一种是揉好一大块白色面团，再分成小块面团，分别加入相应颜色的色素调色。另一种是将色素混合到水中，再用调好色的水分别和面。

莫奈日落冰激凌饼干

试着用冰激凌饼干呈现莫奈的画作《塞纳河上的日落》，柔美的晚霞、荡漾的水波，光影交错，一切都是恰到好处的样子。两侧的葡萄干让饼干上的画作更立体，口感也更加丰富。

材料

黄油………… 200 克
糖粉……………50 克
鸡蛋液 …………52 克
杏仁粉 …………43 克
低筋面粉……210 克
葡萄干 ………… 适量
食用色素（橙色、红色、蓝色）… 少许

步骤

1. 将室温软化的黄油放入容器中拌匀。
2. 加入糖粉，用刮刀翻拌，再用打蛋器搅打均匀。
3. 分三次加入鸡蛋液，打发成为黄油糊。
4. 取 70g 黄油糊，加入少许橙色和红色色素，调成蜜桃色。
5. 将杏仁粉和低筋面粉混合均匀。取 85g 混合粉加入蜜桃色黄油糊中，拌匀成蜜桃色面团。用同样的方法依次做好蓝色面团（80g 黄油糊 + 蓝色色素 +96g 混合粉）、粉色面团（50g 黄油糊 + 红色色素 +60g 混合粉）、橙色面团（10g 黄油糊 + 橙色色素 +12g 混合粉）。

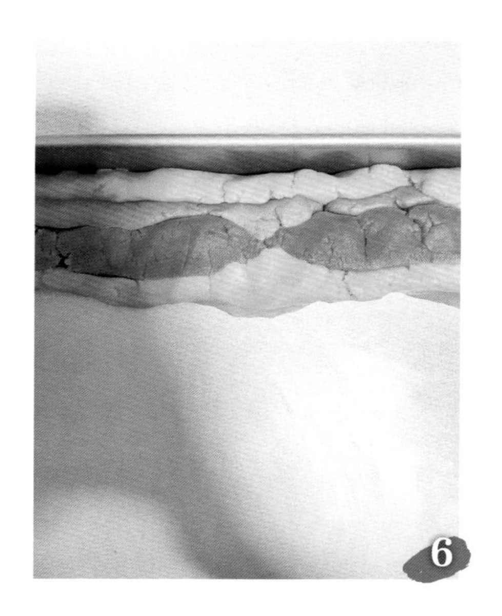

6. 四色面团随意搓成长条，从上到下按照蜜桃色、粉色、蓝色、蜜桃色顺序摆好，宽度略大于挖勺，压紧，混色边界稍微用手捏在一起。

7. 用挖勺挖出球形。

8. 用橙色面团做出夕阳和倒影，贴在球上。葡萄干剪碎，贴在球的两侧，按压黏紧。将烤箱预热至 150℃，放入做好的饼干坯，盖上锡纸，开启热风功能，烤 40 分钟。

画作重温

流经巴黎的塞纳河无疑是条艺术之河，衍生出法国人特有的浪漫主义。莫奈曾说："我一生都在画塞纳河，每一时刻，每一季节。我从未对它厌倦。对我来说，塞纳河一直是新鲜的。"在《塞纳河上的日落》中，远处的河面上漂浮着两只小船，一轮落日挂在半空，营造出黄昏时分祥和、安宁的氛围。

第三章

舌尖上的凡高

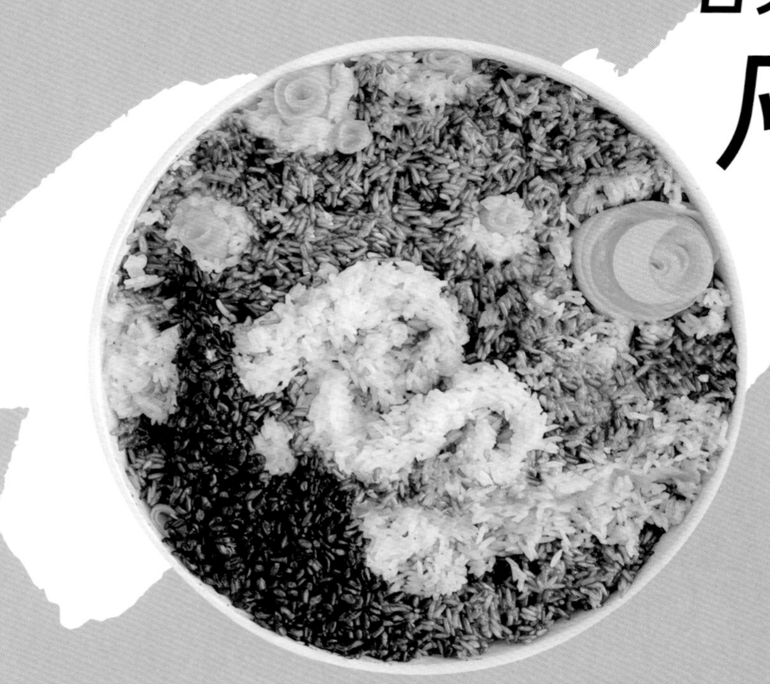

凡高向日葵菠萝炒饭

这次创作的灵感来源于凡高的《花瓶里的十二朵向日葵》，这里把烤菠萝片当作向日葵，菠萝片可以买现成的，也可以自己烤。菠萝炒饭可以根据自己的喜好添加虾仁等材料，吃的时候可以用烤菠萝片包着炒饭一起吃，别有一番风味。

材料

白米饭…………1 碗
鸡蛋………………1 个
菠萝丁………100 克
肉松……………… 适量
熟玉米粒………50 克
烤菠萝片………12 片
生抽………………5 克
蚝油………………5 克
盐 …………………1 克
食用油………… 适量
薄荷叶………… 若干

步骤

1. 将鸡蛋打散。锅内倒入食用油烧热，倒入鸡蛋液炒熟，加入熟玉米粒。

2. 倒入菠萝丁和白米饭翻炒均匀。加入生抽、盐、蚝油翻炒均匀。

3. 盛入碗中压实，倒扣入盘中，下半部分铺上肉松，用铲子辅助整理成花瓶状。

4. 炒饭的上方摆上一片片烤菠萝片，堆叠在一起形成向日葵造型，在菠萝片的间隙中插上薄荷叶即可。

画作重温

1888年，凡高抵达遍地向日葵的阿尔勒，如地上的太阳一般“朴拙的向日葵”让凡高产生了强烈共鸣和狂热兴趣，之后他创作了多幅向日葵画作。这幅《花瓶里的十二朵向日葵》使用了大面积的明黄色，画作里每一朵向日葵都是独一无二的，呈现出含苞、盛放等不同的生命状态。绽放出炙热的温度，无声地诉说着凡高的信仰、热爱和希望。

凡高星空 杧果糯米饭

一直在寻找表现凡高《星空》的恰当载体，试过用意大利面来呈现，但总觉得少了几分酣畅淋漓，直至在泰国餐厅里点了份杧果椰汁糯米饭，不禁产生相见恨晚的欣喜。杧果是闪烁的星星和月亮，蓝色与白色糯米饭是夜空与流云，再加入一把黑米饭，做成直入云霄的柏树。

材料

泰国糯米……150 克
黑米……………25 克
杧果………………1 个
椰汁………… 200 克
蝶豆花粉……… 少许

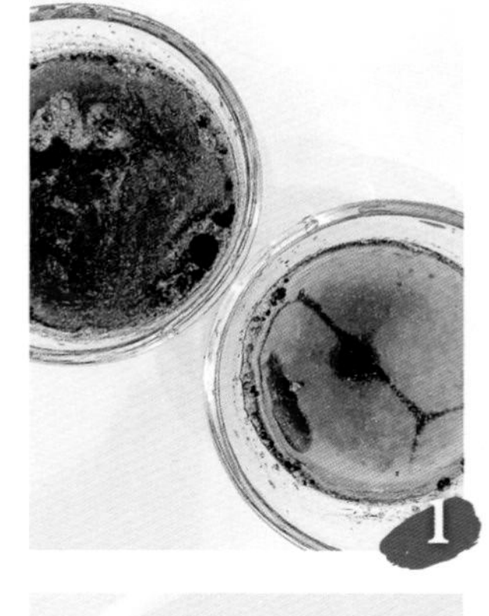

步骤

1. 用蝶豆花粉加适量水，分别泡出深蓝色的和浅蓝色的水。将泰国糯米分成三份，分别泡入深蓝色水、浅蓝色水和清水中。黑米也泡入清水中，所有米类浸泡一晚备用。

2. 将泡好的糯米和黑米分别沥干水，洗净。加入没过米的水，蒸 30 分钟。蒸好的糯米饭里倒入椰汁拌匀。

3. 将浅蓝色糯米饭和白色糯米饭在盘中摆出流云的形状。

4. 杧果去皮，削成带状，卷成星云状，在外面绕一圈白色糯米饭帮助固定造型。

5. 盘中空白部分填满深蓝色糯米饭，再将黑米饭摆在盘子的左下方，形成柏树造型。用模具将一片杧果压出月亮形状，摆在最大的那个杧果卷上。

画中旁白

1. 中央的流云用白色糯米饭叠高、旋转，需高出旁边的深蓝色糯米饭，这样才会有立体漩涡感。
2. 一般用椰浆做泰式糯米饭，但我用了低糖椰汁来代替，这样做好的糯米饭口感清爽些。如果用的是椰浆，可以加一点儿糖。

凡高星空饱饱碗

生活中难免会有阴霾的日子，这时不妨想想那历经世间绝望但内心依然炙热的凡高。将星月摘下，都放入这一碗看似简单的饱饱碗中吧！让它带来温暖人心的力量。

材料

啵啵球

- 木薯淀粉……100 克
- 白砂糖…………10 克
- 蝶豆花粉……… 少许

糯米丸子

- 糯米粉………100 克
- 玉米淀粉………10 克
- 白砂糖…………10 克

奶冻

- 蝶豆花粉……… 少许
- 牛奶………… 200 克
- 白砂糖…………10 克
- 吉利丁片………10 克

其他

- 杧果………………1 个
- 椰汁……………… 适量

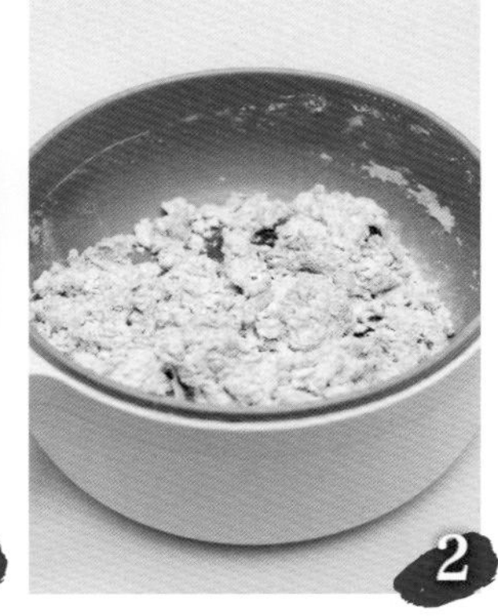

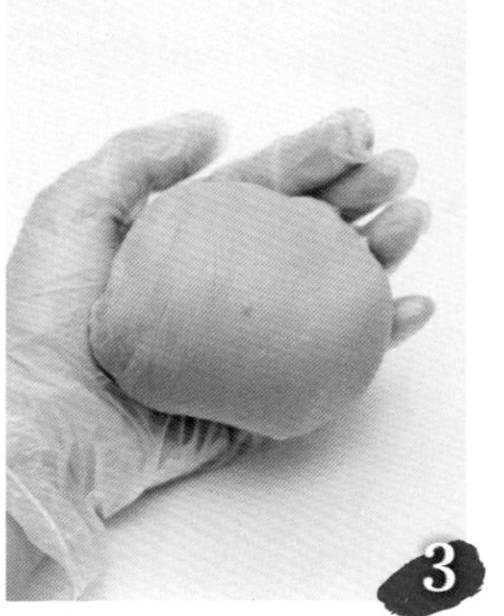

步骤

/ 啵啵球 /

1. 蝶豆花粉加入 80 克水煮沸，放入白砂糖搅匀。
2. 冲入木薯淀粉中，搅拌成絮状。
3. 揉成光滑的面团。
4. 将面团搓成一个个小球。
5. 锅内倒入适量水煮沸，下入小球煮至浮起，捞出，过冷水，备用。

/ 糯米丸子 /

6. 将糯米粉、玉米淀粉和白砂糖混匀，冲入 70 克沸水，搅拌成絮状。

7. 揉成光滑的面团。

8. 将面团搓成一个个小球。锅内倒入适量水烧开，放入小球煮至浮起，捞出，过冷水，备用。

/ 奶冻 /

9. 吉利丁片隔水加热至化开，再放入其余奶冻材料混合均匀，倒入锅中煮至温热。

10. 倒入餐盒中冷藏至凝固，切成小方块。

/ 组合 /

11. 杧果去皮，切成厚片，用模具在杧果片上压出星星和月亮的形状，将啵啵球、糯米丸子放在碗中，倒入椰汁，放入杧果块。

画中旁白

1. 糯米丸子、啵啵球一定要用沸水冲烫，快速烫面，这样面团才会柔软，有延展性，搓丸子时才不容易散。
2. 制作啵啵球用的蝶豆花粉水的颜色要比煮熟的啵啵球的颜色稍微深一点儿，所以根据自己喜好的颜色深浅来调整蝶豆花粉的用量即可。
3. 有一些美术功底的小伙伴可以尝试用调色的木薯面团捏出凡高的Q版造型，煮熟后摆放在碗中，让画面感更强。

凡高麦田
青提酸奶冰沙

打好的蜜瓜酸奶冰的分层像极了凡高《奥维尔的绿色麦田》里的底色，先在杯壁上画出麦田与天空，再倒入冰沙相映成画。杯壁画相对简单随性，液体的加入也让最终呈现的色彩更为灵动且多变。

材料

绿茶…………100 毫升
冰块…………………适量
蜜瓜……………100 克
希腊酸奶… 200 毫升
奶油奶酪…………适量
绿色色素、抹茶粉、
蝶豆花粉、竹炭粉、
杧果粉………… 各少许
云朵奶冻………… 1 个

注：云朵奶冻的做法可参考 p.10 步骤 1–2。

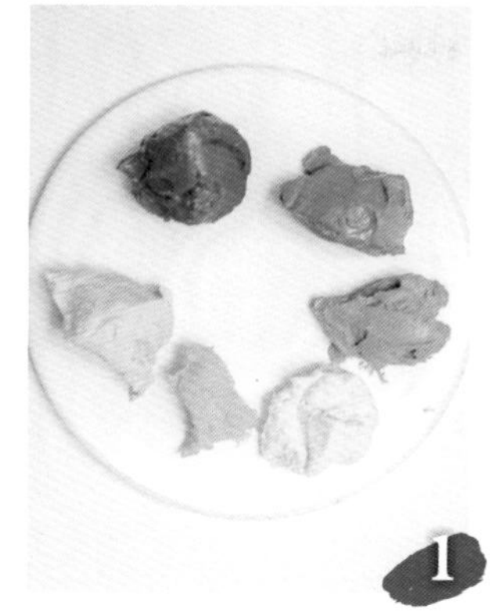

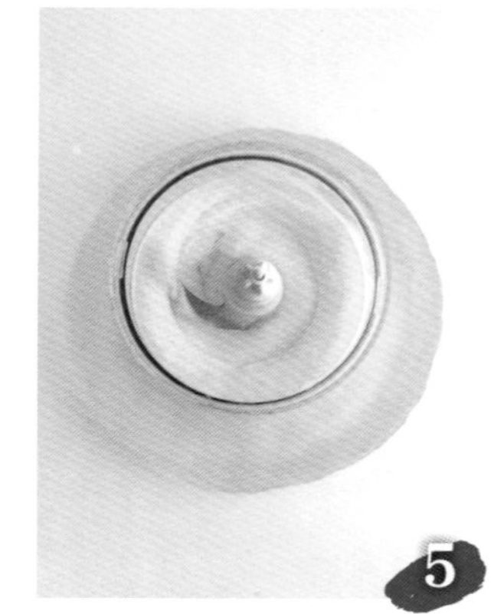

步骤

1. 奶油奶酪中分别加入绿色色素、抹茶粉、蝶豆花粉、竹炭粉、杧果粉，调成相应的颜色。

2. 用相应颜色的奶油奶酪在杯子内壁画出麦田、天空、云朵的大致轮廓。

3. 继续画出各部分的细节，麦田部分刷上深浅不一的绿色奶油奶酪。

4. 将蜜瓜、冰块、绿茶放入搅拌杯中，打成冰沙（喜甜的可以加一点儿糖浆），倒入杯中 1/2 处，作为麦田的背景色。

5. 希腊酸奶中加入冰块，打成酸奶冰沙，倒入杯中作为天空的背景色。将云朵奶冻插上水果签，放在杯子上即可。

凡高野玫瑰吐司画

尝试用刮刀画的方式画凡高的《野玫瑰》，很喜欢画中玫瑰野蛮生长的模样，它们活泼、热情、骄傲、浓烈。

材料

吐司……………… 1 片
奶油奶酪……… 适量
抹茶粉、竹炭粉、
杧果粉……… 各少许

步骤

1. 奶油奶酪中分别加入竹炭粉、抹茶粉、杧果粉调成相应的颜色。

2. 用黄油刀在吐司片上按从上到下的顺序涂抹浅绿色、绿色和深绿色奶油奶酪。

3. 用刮刀将绿色背景抹出纹理。

4. 用刮刀蘸取绿色奶油奶酪，画上一片片叶子。

5. 用刮刀蘸取白色奶油奶酪，画上花朵。

6. 画好所有的花朵，再抹上黄色奶油奶酪当作花心。

这个吐司刮刀画其实很简单，有时间可以尝试一下，过程既治愈又解压。

Wild Roses
Saint-Rémy, April-May 1890
Oil on canvas, 24.5 x 33 cm
F 597, JH 2011
Amsterdam, Van Gogh Museum
(Vincent van Gogh Foundation)
Still Life: Vase with Irises
Saint-Rémy, May 1890
Oil on canvas, 73.7 x 92.1 cm
F 680, JH 1978
New York, The Metropolitan
Museum of Art

4

第四章

国风里走出的面点

旗袍水饺

把水饺做成旗袍，折叠成形似简化的立领右斜襟，再加以盘扣装饰。换种方式让水饺裹上优雅的风韵，把柔婉化作心头的滋味。

材料

浅粉色皮
- 中筋面粉……120 克
- 盐……0.5 克
- 水……55 克
- 草莓粉……5 克

浅紫色皮
- 中筋面粉……120 克
- 盐……0.5 克
- 水……55 克
- 紫薯粉……5 克
- 草莓粉……1 克

深紫色皮
- 中筋面粉……120 克
- 盐……0.5 克
- 水……55 克
- 紫薯粉……9 克
- 蝶豆花粉……1 克

白色皮
- 中筋面粉…… 200 克
- 盐……1 克
- 水……85 克

馅料 同 p.31 馅料材料

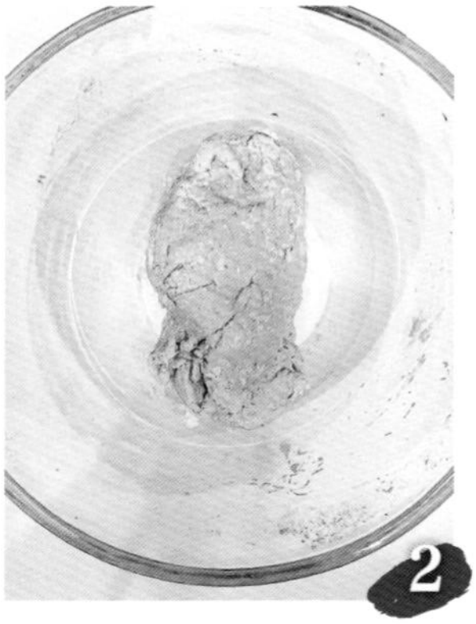

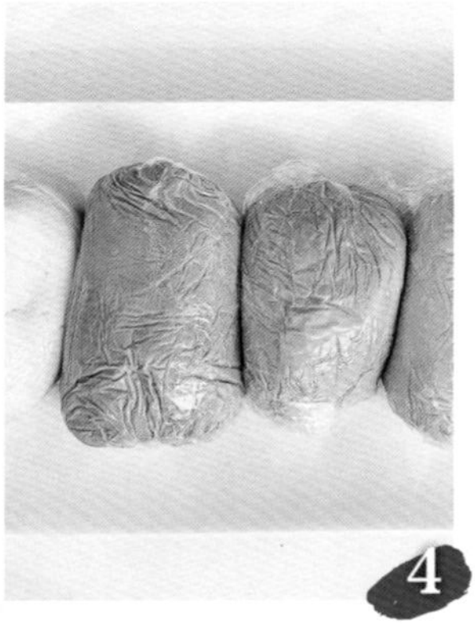

步骤

1. 将制作各色面皮的材料分别混合均匀，用筷子搅拌成絮状（图中以制作白色面皮为例）。

2. 揉成光滑的面团，盖上保鲜膜，醒发 5 分钟。

3. 将面团倒在揉面垫上，再揉 1 分钟，盖上保鲜膜，松弛 5 分钟，再重复揉面、醒面一次。

4. 分别将各色面团揉好，包上保鲜膜防止风干。

5. 取四色面团搓成长条，拼在一起，拧成麻花，搓成长条。

1

2

3

4

5

6. 将混合面团切成 10 克左右的剂子，擀薄，用切模压出 9 厘米的圆形饺子皮。白色面团分成剂子，擀薄，压出 10 厘米的圆形饺子皮。

7. 两个饺子皮居中叠放在一起。

8. 按照 p.32 馅料做法拌好饺子馅，在饺子皮上舀入饺子馅。

9. 将饺子包好。

10. 左右两边面皮向中间折叠。

11. 先在模具上撒粉（用量外），取少量浅紫色面团和白色面团放入模具中压一下，压出盘扣，倒扣脱模，再抹上水，粘在饺子上。做好的饺子放入蒸锅中，上汽后蒸 17 分钟左右。

画中旁白

1. 要根据面粉的吸水性来调整水量，和好的面团不能太软。
2. 这个配方用量还挺多的，可以减半使用。
3. 模具上撒粉是为了防粘。
4. 饺子皮一定要擀薄一些。可以根据自己的喜好选择水饺皮的颜色，用一个颜色做也行，但是混色会更有层次感。

繁花烧卖

“桃李闹春风”的光景敌不过春日懒乏的自得，绵绵春雨，得闲在家，心也跟着在花间徜徉。让二月的春风裁出的缤纷落入盘中，做个繁花烧卖，一扫雨天的阴郁。

材料

烧卖皮
- 中筋面粉…… 250 克
- 水 ……………125 克
- 盐 ………………1 克
- 甜菜根粉………10 克
- 菠菜粉 …………10 克

馅料
- 猪腿肉 ……… 200 克
- 猪皮冻 …………50 克
- 春笋……………80 克
- 姜末………………5 克
- 葱末………………5 克
- 盐 ………………1 克
- 鸡精………………1 克
- 白胡椒粉……0.5 克
- 酱油………………8 克
- 蚝油………………8 克

装饰
- 心里美萝卜…… 几片
- 豆苗…………… 少许
- 咸蛋黄 …………2 个

1

2

3

4

步骤

/ 烧卖皮 /

1. 将中筋面粉加入盐和水搅拌成絮状，再揉成面团，醒发 15 分钟后再揉 3 分钟，分成三块。取两块面团分别加入甜菜根粉和菠菜粉，调成粉色和绿色面团。

2. 绿色面团搓成长条。粉色面团搓成长条后压平。白色面团搓成长条后压平，先将绿色面团包裹起来。

3. 再包裹一层压平的粉色面团，揉搓一下，将接口处融合在一起。

4. 切成 10 克一个的剂子，压一下。

/ 馅料 /

5. 将猪腿肉剁碎，春笋焯水后切成末，猪皮冻切成丁，将三者混合在一起，加入姜末、葱末、盐、鸡精、白胡椒粉、酱油、蚝油，搅拌均匀。

/ 组合 /

6. 将剂子擀薄，在烧卖皮的中间舀入一勺馅料，包成五角星的形状。

7. 五个角往同一个方向收好，捏紧。

/ 装饰 /

8. 将咸蛋黄压碎，心里美萝卜片压成花形。蒸锅上汽后放入烧卖，蒸 12 分钟。摆上咸蛋黄碎、花形萝卜片、豆苗装饰即可。

画中旁白

1. 将三色面拼合包裹的时候，白色面的厚度为粉色面的一半，按这个比例做出来的烧卖皮比较有层次感。
2. 烧卖包成花形的时候需要细心，操作要轻柔些，否则皮容易被扯破。

夏荷烧卖

池之青蓝，花之莲红，苔之翠碧；云浮晴空，蝉鸣高树，风定池莲。我把盛夏暗剪，折进烧卖里眷念。

材料

烧卖皮

- 中筋面粉……300 克
- 紫甘蓝…………半个
- 柠檬汁…………2 滴

馅料

- 腊肠…………100 克
- 糯米…………150 克
- 葱……………………1 根
- 生抽……………10 克
- 盐……………………1 克
- 老抽……………10 克
- 蚝油………………3 克
- 食用油…………适量

装饰

- 心里美萝卜……几片
- 青菜……………适量
- 铜钱草…………若干

步骤

/ 烧卖皮 /

1. 紫甘蓝切碎，加入适量水熬煮 10 分钟。取 90 克紫甘蓝水分成 2 份，其中 1 份滴 2 滴柠檬汁调成紫色。

2. 中筋面粉分为 3 份，每份均加入 45 克液体（分别为清水、两种颜色的紫甘蓝水），用筷子搅拌成絮状（图中以加入清水为例）。

3. 分别揉成光滑的面团，盖上保鲜膜，松弛 5 分钟，再揉 2 分钟，盖上保鲜膜，松弛 20 分钟。

4. 再分别将三色面团揉匀，包上保鲜膜防止风干。

5. 将三色面团搓成长条，拼在一起，拧成麻花，重复折叠 1 次，搓成长条。

6. 切成 10 克左右的剂子，压扁，擀薄。

/ 馅料 /

7. 将糯米蒸熟。葱切成葱花。腊肠切成小块。

8. 锅内倒入食用油，放入葱花翻炒出香味。

9. 加入腊肠块炒熟。

10. 倒入蒸好的糯米，加入老抽、蚝油、盐、生抽调味，翻炒均匀。

/ 组合 /

11. 取一勺馅料置于烧卖皮的中间。

12. 用虎口掐成烧卖的样子，整理好形状，蒸锅上汽后蒸 8 分钟。

13. 青菜焯水后沥干，切碎。心里美萝卜用吸管压成花瓣状。铜钱草洗净。

14. 烧卖蒸好后盛入盘中，放上青菜碎，摆上几片花瓣状萝卜片，再装饰上铜钱草。

画中旁白

1. 铜钱草一定要清洗干净后再使用。
2. 烧卖馅可以根据自己的喜好调整，也可以做成纯肉馅的。
3. 也可以将萝卜片围成一圈，做成花的造型。

青山春笋水饺

不时不食，一地一味，每片土地都有自己的个性，每种食物也都带着那片土地特有的风味。时令食材总是恰到好处地登场，带来特定的季节味道。每当吃下一口当季时蔬，心中便盈满对土地馈赠的谢意。于是将水饺做成青山的形状，是对土地爱与守护的感谢。

材料

饺子皮

- 中筋面粉…… 200 克
- 水…………………95 克
- 盐…………………1 克
- 菠菜粉、竹炭粉、南瓜粉、蝶豆花粉…………………各少许

馅料

- 五花肉……… 250 克
- 春笋…………150 克
- 姜末……………5 克
- 葱末……………5 克
- 葱姜水…… 50 毫升
- 盐…………………1 克
- 鸡精………………1 克
- 白胡椒粉……0.5 克
- 酱油…………10 克
- 蚝油…………10 克
- 葱油…………10 克

步骤

/ 饺子皮 /

1. 中筋面粉中加入水，揉成面团，分成四份。一份加入菠菜粉、蝶豆花粉、竹炭粉，揉成深绿色面团。一份加入菠菜粉、蝶豆花粉，揉成浅绿色面团。一份加入南瓜粉，揉成黄色面团。

2. 分别将四种颜色的面团搓成长条，合在一起。

3. 扭成麻花，搓匀，再扭两次。

4. 切成 14 克左右的面团，擀成中间厚、上下两端薄的椭圆形，备用。

/ 馅料 /

5. 春笋去皮焯水，去掉苦味，捞出，沥干水，用料理机打碎。

6. 五花肉剁碎，放入碗中，分三次加入葱姜水，每一次都搅拌至葱姜水吸收为止，再加入葱末、姜末。

7. 加入笋碎，放入盐、鸡精、白胡椒粉、酱油、蚝油、葱油，搅拌均匀。

/ 组合 /

8. 在饺子皮的中间舀入馅料，整理成底部高、顶部低的形状，将饺子皮对折捏紧。

9. 从左到右卷起来，尾部抹一点儿水压紧。

10. 顶部向中间收拢、捏紧，整理成青山的形状。取各色面团擀平，用模具压出花、花瓣、枝、叶等，粘在饺子上进行装饰。做好的饺子摆入盘中，蒸锅上汽后蒸 15 分钟。

画中旁白

1. 水饺皮的混色很有创意，每个都有不同的风情，可以多尝试，通过扭转面团做出自己喜欢的纹理。
2. 做好的饺子上也可撒一些金箔进行装饰，吃的时候拿掉即可。

汉服山药糕

传统的山药糕也可以变得大不相同，穿上汉服，染上一身飘逸风情。冰皮做成汉服模样，山药糕加了椰浆，多了点风味。糯糯的外皮包裹着山药糕，口感清雅和谐。

材料

铁棍山药…… 300 克
炼乳……………15 克
椰浆……………80 克
黄油……………15 克
糯米粉…………80 克
粘米粉…………28 克
低筋面粉………20 克
澄面……………15 克
白砂糖…………40 克
牛奶………330 毫升
玉米油……50 毫升
食用色素（紫色、红色）………… 少许
熟糯米粉……… 少许

步骤

1. 将铁棍山药蒸熟，趁热压成泥。

2. 不粘锅烧热，加入黄油化开，放入山药泥，再加入椰浆、炼乳，小火翻炒至不粘勺的状态。

3. 将糯米粉、粘米粉、低筋面粉、澄面、白砂糖、牛奶、玉米油混合均匀，蒸 20 分钟。放凉后揉成光滑的面团。

4. 取部分面团分别加入紫色、红色食用色素，调成紫色面团、粉色面团（粉色面团要多一些）。

5. 案板撒点熟糯米粉防粘，将白色面团擀薄成面皮，取部分紫色面团和粉色面团，分别掐成小团，交错贴出花朵的图案。

6. 撒点熟糯米粉，将花朵擀平，即成花朵面皮。

7. 取 50 克山药泥搓成梯形。

8. 取一些粉色面团压成面皮，将粉色面皮绕着山药泥上端转一圈，当作领子。

9. 切一条花朵面皮绕着领子的外面转一圈，两侧向后收折。

10. 剩下的粉色、紫色面团用模具压出盘扣，粘在前面，汉服山药糕就做成了。

1. 可以根据自己的喜好加入枣泥馅儿等夹心，或者在吃的时候淋点儿蜂蜜，口感会更丰富。
2. 做好的山药糕也可用花花草草进行装饰，更有趣。

敦煌壁画糯米蛋糕

历史悠久的敦煌莫高窟壁画不仅是中国璀璨艺术的凝练，也滋养了无数艺术作品的生长。80后、90后童年的回忆——《九色鹿》动画片，就是取自莫高窟的壁画《鹿王本生图》。这次就借用莫高窟的壁画为原型，做个糯米蛋糕，画上鹿与祥云，把璀璨文明和美好祝祷一并呈现出来。

材料

蛋糕坯

- 鸡蛋……………………5 个
- 牛奶………………70 克
- 玉米油 ……………50 克
- 糯米粉 ……………60 克
- 低筋面粉…………20 克
- 细砂糖 ……………50 克
- 柠檬汁 …………… 几滴

夹心

- 淡奶油 …………300 克
- 细砂糖 …………… 10 克

抹面及装饰

- 淡奶油 …………200 克
- 黄油……………150 克
- 细砂糖 …………… 适量
- 翻糖……………… 适量
- 艾素糖 …………… 适量
- 食用色素(红色、褐色、蓝色、绿色)…… 少许

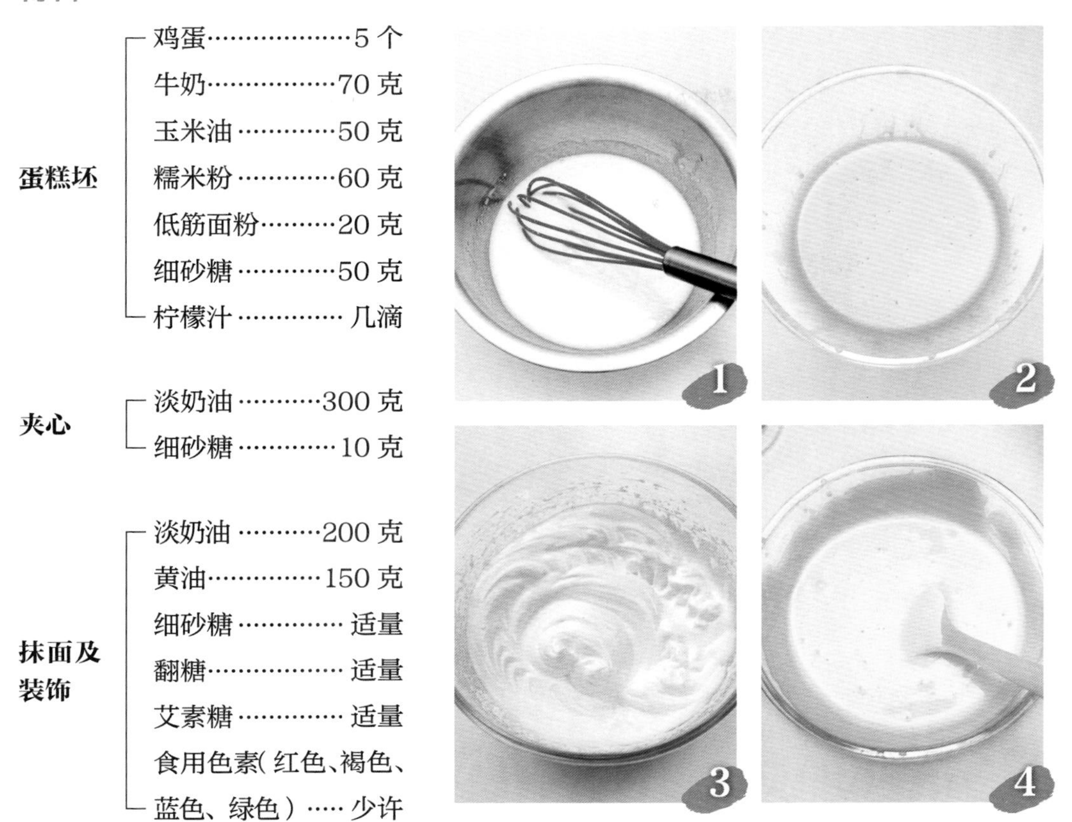

步骤

/ 蛋糕坯 /

1. 鸡蛋分开蛋黄和蛋白。牛奶中加入玉米油搅拌至乳化。
2. 加入蛋黄拌匀，过筛入糯米粉、低筋面粉，拌匀，制成蛋黄糊。
3. 蛋白加入柠檬汁、细砂糖，打发至提起打蛋器呈小弯钩状态。
4. 取三分之一打好的蛋白放入蛋黄糊中拌匀，再倒回剩余的蛋白中拌匀。

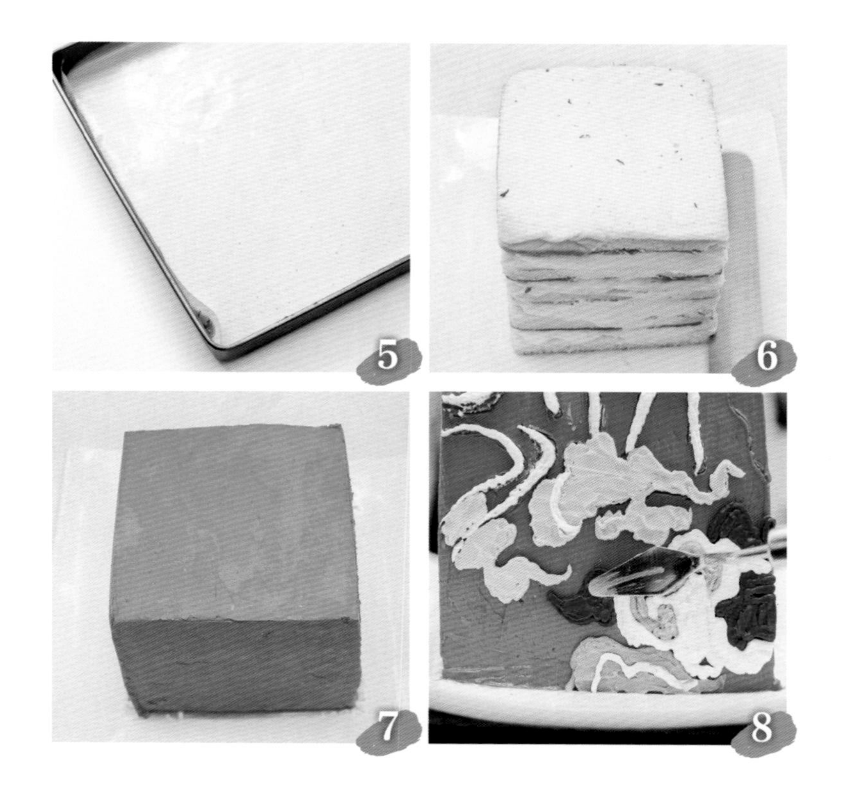

5. 从高处倒入烤盘中，震掉气泡，放入预热好的烤箱，以 180℃烤 18 分钟。

/ 夹心 /

6. 将淡奶油加细砂糖打发好，将烤好的蛋糕坯切成大小相等的 4 块，一层蛋糕，一层奶油铺好。

/ 抹面及装饰 /

7. 室温软化好的黄油加入细砂糖，打发 3 分钟至发白，分 3 次加入淡奶油，充分搅打均匀，制成黄油霜。黄油霜中分别加入红色、褐色、蓝色、绿色色素，调成所需要的颜色。用砖红色奶油霜将蛋糕整体抹面，作为壁画的背景色。

8. 将各色黄油霜分别装入裱花袋中，先在蛋糕上画出各种图案，再用刮刀抹平。用翻糖捏成鹿头，将艾素糖加热后融化，倒在硅胶垫上，做成月亮，一起添加在蛋糕上进行装饰。

画中旁白

1. 在调奶油霜的时候，要一点儿一点儿地加色素，避免颜色过深。
2. 蛋糕胚里的夹心还可以加入自己喜欢的水果。

柿柿如意奶酪月饼

有什么祝福语比得过“事事（柿柿）如意”呢？柿子丰收的团圆季，就做个柿子造型的奶酪月饼吧，节日享用或者平时当作下午茶，都是不错的选择。

材料

柿子酱…………50 克
奶油奶酪……120 克
冰皮粉……… 200 克
黄金芝士粉…10 克
抹茶粉…………3 克
可可粉…………3 克

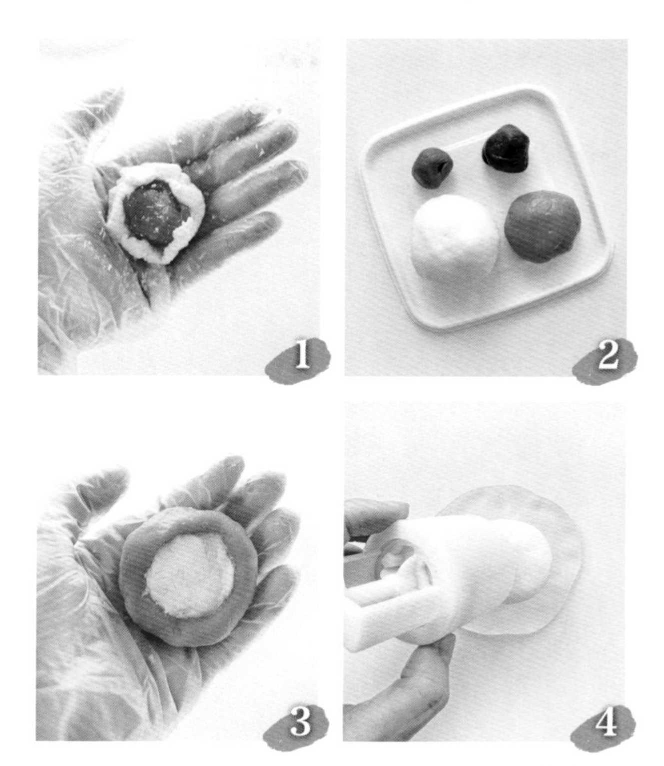

步骤

1. 将柿子酱分成 6 等份，放入球形模具中，再放入冰箱中冷冻成形。奶油奶酪分成 6 等份，取一份奶油奶酪压平，包住一块柿子酱，放入冰箱中，冷藏变硬。

2. 冰皮粉加入沸水，翻拌成团，分成大小不一的 4 块。取中等大小的那块面团加入黄金芝士粉调成橙色。另取两小块面团分别加入抹茶粉、可可粉，调成绿色、咖色面团。

3. 取 25 克橙色或白色冰皮面团揉圆，压平，放入奶酪馅儿包好，搓成团。

4. 放入模具中，压成饼状，依次做好全部月饼。

5. 用剩余的各色冰皮做装饰，用橙色面团做成小柿子，咖色面团做成树枝，绿色面团做成树叶或柿子蒂部，粘在做好的月饼上即可。

画中旁白

1. 夹心的奶油奶酪也可以换成低糖绿豆沙。

2. 表面装饰也可以自己发挥创意。

第五章

把蛋玩出花样来

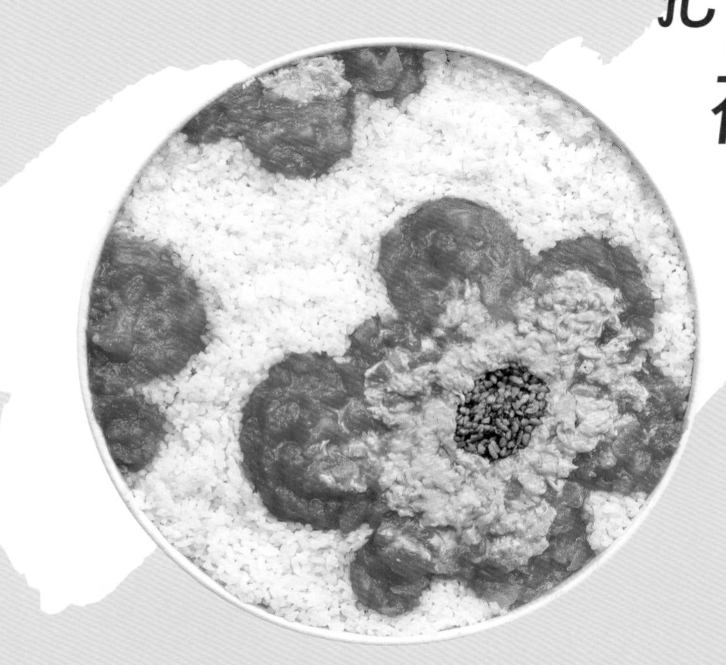

幸运草番茄炒蛋拌饭

做个组合式的番茄炒蛋吧！在暖人的烟火里祈盼美好的光景。用米饭做成心形的碗，装入番茄炒蛋，单个是爱心，四个组合在一起就是寓意好运的四叶草。无论是独享或聚餐，吃下这份带来幸运的番茄炒蛋拌饭，大踏步地向前冲吧！

材料

番茄	4个	番茄酱	2勺
鸡蛋	4个	盐	3克
白米饭	适量	蝶豆花粉	少许
白糖	10克	食用油	适量

步骤

1. 将鸡蛋磕入碗中，搅打均匀，加入少许盐打散。锅内倒入食用油烧热，倒入鸡蛋液翻炒至熟，盛出备用。

2. 番茄去皮，切成块。锅内倒入食用油，放入番茄块翻炒至出汁，加入白糖、番茄酱和剩余的盐，炒至番茄软烂，盛出备用。

3. 留出一部分炒鸡蛋和炒番茄，其余放入锅中，一起翻炒均匀。

4. 在大号心形慕斯圈上铺一张保鲜膜，放入米饭，整理铺平。再放一个包着保鲜膜的小号心形慕斯圈，压出中间空位。

5. 提出保鲜膜，取出饭团，做好四个心形米饭碗，在盘中摆成幸运草造型。

6. 米饭碗中装入番茄炒蛋，表面再铺一层预留出的炒番茄，最后将预留出的炒鸡蛋集中摆在中心位置。

7. 蝶豆花粉加少许水拌匀，倒入剩余的白米饭中，做成四个心形的小饭团，摆在最上面。

画中旁白

1. 把米饭做成容器，除了做成心形，也可以做成圆形、方形。
2. 番茄炒蛋有很多种做法，我喜欢炒蛋的时候多放点油，快速翻炒，炒出来的鸡蛋会呈现出边缘脆、内滑嫩的口感。

日落

番茄炒蛋拌饭

我喜欢日落时分，天空染上红霞，层层相叠的云幻化为一朵朵耀眼的玫瑰，这景象与安迪·沃霍尔的《日落》如出一辙。让我情不自禁地把番茄炒蛋做成了一幅日落景象。

材料

番茄……………4 个
鸡蛋……………5 个
白米饭…………1 碗
白糖……………10 克
番茄酱…………2 勺
盐………………3 克
食用油………… 适量

步骤

1. 将 4 个鸡蛋打散，取一半鸡蛋液，加入白米饭拌匀。锅中倒入适量食用油烧热，将拌好的蛋液米饭倒入锅中，炒熟，盛出备用。

2. 锅中倒入适量食用油，倒入剩余的鸡蛋液炒熟，盛出备用。

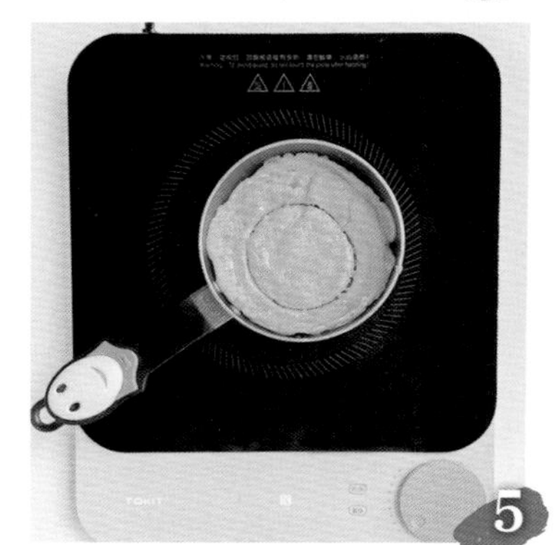

3. 番茄去皮，切成块。锅中倒入少许食用油，放入番茄块炒至出汁，加入番茄酱炒匀，再加入少许白糖和盐调味。盛出一半备用。

4. 加入炒熟的鸡蛋翻炒均匀。

5. 将 1 个鸡蛋打散。煎蛋锅中倒入少许食用油烧热，倒入鸡蛋液煎熟，压出圆形。

6. 从下往上按照蛋炒饭、番茄炒蛋、炒番茄的顺序盛入盘中。最后放上圆形煎蛋作为太阳即可。

画作重温

安迪·沃霍尔是波普艺术的倡导者和领袖，也是对波普艺术影响最大的艺术家。在他创作的《日落》中，太阳从海平线缓缓滑落，空气中迷雾氤氲，天色也在此时瞬息万变。安迪·沃霍尔着迷于日落景象，1972 年，他创作了日落系列丝网版画，而你现在看到的，仅仅只是 472 幅不同色调的《日落》的其中一个而已。

星月如潮
番茄炒蛋拌饭

在白米饭里加点蝶豆花水，铺成整片浪漫夜空，再将鸡蛋、番茄、白米饭层叠在一起，化作奔涌的浪潮。大概吃掉这一盘，便可披上一身璀璨的星月。

材料

番茄··················3 个
鸡蛋··················4 个
白米饭········· 1 大碗
白糖················10 克
番茄酱·············2 勺
盐······················3 克
蝶豆花粉········· 少许
食用油············ 适量

步骤

1. 将 1 个鸡蛋打散。煎蛋锅中倒入少许食用油烧热，倒入鸡蛋液煎熟。参照 p.99“幸运草番茄炒蛋拌饭”步骤 1-3，做好炒蛋、炒番茄、番茄炒蛋。蝶豆花粉加入开水拌匀，再加入一部分白米饭，翻拌成蓝色米饭。

2. 将蓝色米饭铺在盘里，留些空白。

3. 在盘子的空白处铺上剩余的白米饭，叠成海浪状。

4. 在盘里的白米饭上铺上一层炒蛋。

5. 依次铺上番茄炒蛋和炒番茄，做出渐变的效果。在煎蛋上压出月亮的形状，再压出若干个小圆点当作星星，交错摆在蓝色米饭上即可。

画中旁白

1. 制作不同类型的番茄炒蛋时可以根据需要选择番茄的颜色，这次为了让整体的菜品颜色看起来更加和谐，选的偏橙色的番茄。
2. 摆盘时颜色过渡很关键。在不影响口感的前提下，将番茄切碎点，鸡蛋炒碎点，摆盘时会更具有美感。

蒙德里安
番茄炒蛋拌饭

在厨房里晃悠，思考如何换一种风格做番茄炒蛋，不由得想到蒙德里安的抽象画，几何图形是设计师取之不尽的灵感之源，与番茄炒蛋碰撞在一起，迸发出无限的可塑性，探索与欣赏它都是一件乐事。

材料

番茄………………3 个
鸡蛋………………3 个
白米饭……… 1 大碗
白糖……………10 克
番茄酱 …………2 勺

盐 …………………3 克
蝶豆花粉……… 少许
黑芝麻酱……… 少许
食用油 ………… 适量

步骤

1. 蝶豆花粉加入开水拌匀，再加入一些白米饭，翻拌成蓝色米饭。

2. 剩余的白米饭铺入盘中，右下角挖空，填入蓝色米饭。

3. 参照 p.99“幸运草番茄炒蛋拌饭”步骤 1-2，做好炒蛋、炒番茄。挖空左上角的米饭，填入炒番茄，再挖出左下角的部分米饭，填入炒蛋。

4. 将黑芝麻酱装入裱花袋中，在填好的饭上挤上黑色线条。

画作重温

荷兰画家彼埃·蒙德里安是几何抽象画派的先驱。对蒙德里安来说，自然界的一切物象，无论是山水、树木，还是房屋建筑，都可化为纯粹的线条和色块。我们的世界虽然有千万种色彩，但是最终都能还原到黑、黄、红、蓝四种颜色；虽然有千万种形状，但是最后都能落实到点、线、面。

故宫番茄炒蛋拌饭

六百年光阴流转，故宫依然巍然磅礴，红墙、黄瓦、绿檐是它为人所熟知的景色，尤其是雪中的红墙，让多少人流连忘返。这一次，将番茄炒蛋做成故宫的红墙，留住这一抹“红墙飞白雪”的故宫景色。

材料

番茄················3 个
鸡蛋················3 个
菠菜············ 1 小把
白米饭············1 碗
白糖··············10 克
番茄酱············2 勺
盐····················3 克
食用油············ 适量
树叶················ 若干

步骤

1. 菠菜焯熟后切碎。参照 p.99“幸运草番茄炒蛋拌饭”步骤 1-2，做好炒蛋、炒番茄。将白米饭铺在盘中上半部分，炒番茄铺入下半部分。

2. 用刮板挡住炒番茄的边缘，铺上一层炒蛋。

3. 在炒蛋的边缘往上一些铺一层菠菜碎。

4. 在菠菜碎边缘往上再铺一层炒蛋，这次铺得厚一些。

5. 用勺子的尖头处将炒鸡蛋往上推，推出瓦片的形状。将树叶点缀在米饭上做装饰即可。

画中旁白

1. 注意将材料处理得小一点儿，这样整体会更有美感。
2. 蛋炒得嫩一些，这样更容易推出瓦片的形状。
3. 宫墙上方再点缀一些树叶，效果更逼真。

花千树
番茄炒蛋拌饭

立春时节，伏蛰始振，万象更新，让人开始期待檐下雪融，燕过南窗，陌上花开，春和景明。在等待东风夜放花千树的时候，不如先来唤醒盘里的春天。将看似寻常的番茄炒蛋，摆成鲜艳盛放的花朵，用一碟子欢快，与春意打了个照面。

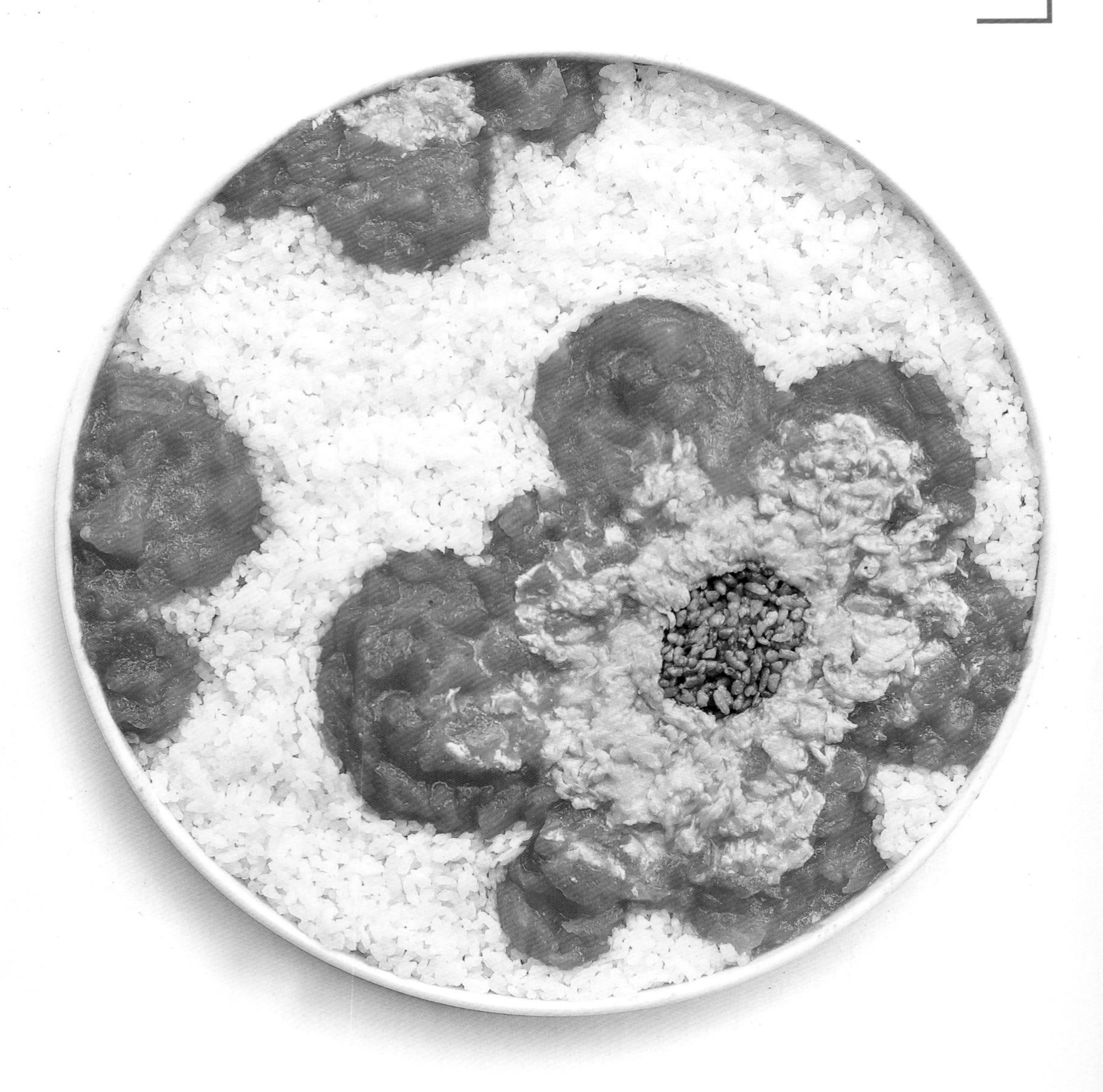

材料

番茄……………4 个	番茄酱…………2 勺	蝶豆花粉……… 少许
鸡蛋……………4 个	盐…………………3 克	食用油………… 适量
白糖…………10 克	白米饭…………1 碗	

步骤

1. 参照 p.99“幸运草番茄炒蛋拌饭”步骤 1-2，做好炒蛋、炒番茄。将白米饭铺在盘里，用勺子铺平，挖出花朵形状。

2. 空白部分先填入炒番茄作为花瓣，再填入一圈炒鸡蛋，留出花蕊的位置。

3. 将蝶豆花粉加水拌匀，倒入适量的米饭中做成蓝色米饭，摆入花朵的中间，当作花蕊。

玫瑰花园蒸蛋

梦中穿越到约瑟芬的玫瑰园里借了一朵花，醒来后突发奇想，如果将玫瑰花撒落在蒸蛋上，一朵朵盛开，那画面一定很美。

材料

鸡蛋················3 个
盐 ····················1 克
山药············150 克
长寿菜 ············1 棵
牛奶················ 适量
南瓜粉 ··········· 少许

步骤

1. 山药去皮，切成段。将鸡蛋打散成鸡蛋液，向其中加入与鸡蛋液等量的温水，搅拌均匀，过滤 2 ~ 3 次。

2. 过滤好的蛋液倒入深盘中，盖上保鲜膜，蒸锅上汽后连同山药一起放入，蒸 12 分钟，关火闷 3 分钟。

3. 山药加适量牛奶打成细腻的泥，以勺子舀起来呈不掉落的状态为宜。

4. 取少许山药泥加入南瓜粉调成黄色。将两种颜色的山药泥分别装入裱花袋中。

5

6

7

5. 在油纸上挤一点儿黄色山药泥，用勺子柄往下推压，作为花蕊。

6. 在花蕊上再挤一条白色山药泥，继续用勺子柄往下推压，做成山药泥花瓣。

7. 依次围绕着花蕊挤出山药泥，做出花朵的形状。做好的花朵用刮刀刮起，摆放在蒸蛋表面，再摆上长寿菜当作枝叶。

画中旁白

如果山药泥比较湿，可以直接挤在蒸蛋上抹成花朵。如果山药泥比较干，直接在蒸蛋上操作容易破坏它的光滑表面，可以在油纸上先做好花，再用刮刀刮起，放到蒸蛋上。

花海菠菜蒸蛋

将蒸蛋做成浪漫的花海，用菠菜汁着色，成为一抹夏天的绿。白萝卜刻成的月亮挂在夜空中，清朗的月光照亮了整片用蛋白铺成的花海。就这样用月色花影做一场断断续续的梦。

材料

鸡蛋················3 个
菠菜··········· 1 小把
青萝卜···········1 段
蛋白················2 个
牛奶··············40 克
小黄瓜花········ 若干
白萝卜···········1 片
盐···················1 克

步骤

1. 菠菜焯水，放入破壁机中，加入适量水，打成菠菜汁，过滤掉菠菜渣。
2. 鸡蛋打散，加入盐，再加入和鸡蛋液等量的菠菜汁拌匀。
3. 过滤两遍，撇去表面浮沫。倒入盘中，盖上保鲜膜，蒸锅上汽后蒸 12 分钟，关火后闷 3 分钟。
4. 蛋白加入牛奶拌匀，倒入锅中，炒熟。
5. 在蒸蛋上铺上炒好的蛋白。
6. 青萝卜切成丝，摆入盘中作为草丛。 摆上小黄瓜花。用白萝卜压出月亮的形状，摆在上面。

画中旁白

1. 装饰时选用的是小黄瓜花，也可以用玉米粒或者炒蛋黄代替。
2. 草丛可以用青萝卜丝，也可以用其他的菜叶代替。

爱心树火龙果蒸蛋

蒸蛋也可以很浪漫，用火龙果染成粉色，再用山药泥装扮出一棵挂满爱心的树，叫人看一眼就陷入粉色的温柔中。

材料

山药…………150 克
鸡蛋……………3 个
红心火龙果…… 半个
芭乐…………… 半个
盐………………1 克
香菜茎………… 几根
九层塔叶……… 若干

步骤

1. 山药去皮，切成段。火龙果去皮，取半个火龙果的果肉榨成汁，过滤掉渣。

2. 鸡蛋打散，加入盐，再加入与蛋液等量的火龙果汁，搅拌均匀，过滤 2 ~ 3 次。

3. 倒入深盘中，盖上保鲜膜，与山药一起放入上汽的蒸锅，蒸 12 分钟，焖 3 分钟。

4. 蒸好的山药打成泥，装入裱花袋中。

5. 蒸蛋上摆上香菜茎，当作花枝。

6. 将山药泥挤成心形，用勺子柄抹平，蘸一点火龙果汁涂抹在山药泥上形成过渡色。将芭乐切成爱心形状，摆在心形山药泥上。最后将九层塔叶摆在空白处。

画中旁白

火龙果汁只是作为染色用，不会对蒸蛋的味道产生太大的影响。蒸熟之后颜色会变浅，所以不用担心加入火龙果汁后成品的颜色会过深。

铃兰黄瓜蒸蛋

铃兰又称为山谷百合，花语是“幸福归来”。法国和比利时每年5月会举办传统铃兰舞会，相慕的恋人互赠一串铃兰，代表幸福的馈赠。这次做个铃兰造型的蒸蛋吧！搭配用黄瓜汁染成的绿色背景，飘逸俊芳，幽香清远，让你被铃兰的优雅折服……

材料

鸡蛋……………3 个
山药…………100 克
黄瓜……………2 根
盐 ………………1 克
泰国香菜………1 棵
香菜茎………… 几根

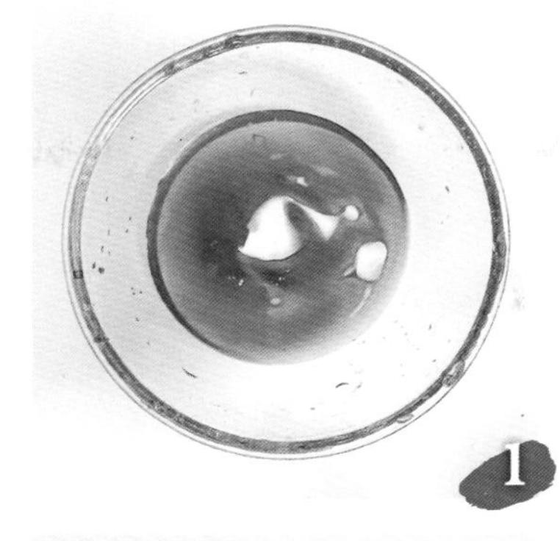

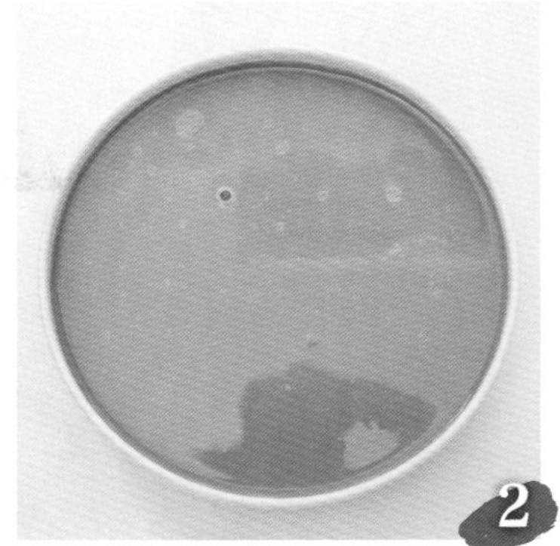

步骤

1. 山药去皮，切段。黄瓜切成块，放入料理机中，倒入适量温水，打碎，过滤出黄瓜汁。

2. 鸡蛋加入盐打散，加入与蛋液等量的黄瓜汁搅拌均匀，过滤 2 ~ 3 遍，撇去表面浮沫，倒入深盘中，与山药一起上锅蒸 12 分钟，关火闷 3 分钟。

3. 摆上泰国香菜的叶和香菜茎。

4. 将蒸熟的山药去皮，打成泥。

5. 将山药泥装入裱花袋中，在油纸上用裱花嘴挤出铃兰花。

6. 在蒸蛋上依次摆放好铃兰花。

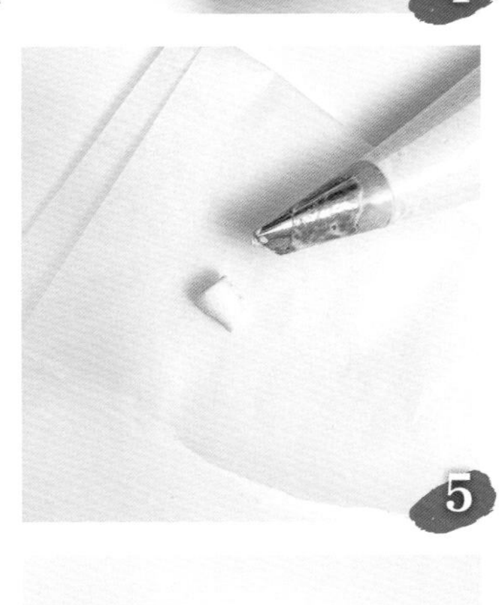

画中旁白

1. 铃兰花要先挤在油纸上，再转移到盘里。
2. 也可以用鹌鹑蛋做成铃兰花造型。
3. 用黄瓜汁染色成品会比较浅，如果用菠菜汁染色则更容易染出颜色。

第六章

送你一座童趣乐园

冬天的快乐记忆一半飘荡在火锅的热气氤氲里，突发奇想，把吐司做成火锅，会不会吃出双倍满足呢？用吐司做成各种火锅食材组合在一起，一锅视觉与味觉既冲突又和谐的吐司火锅便从指尖跃然而出。

材料

奶酪（涂抹式）
…………………100 克
切片吐司………1 包
葡萄干………… 适量
草莓粉、杧果粉、
巧克力酱、抹茶粉··
…………………各少许

步骤

/ 火锅食材 /

1. 吐司牛肉卷做法：取少许奶酪加入草莓粉拌匀。将两片吐司切去边，擀薄，对半切成长方形。先涂上一层奶酪，再刷上几道草莓奶酪，卷好。

2. 吐司蔬菜做法：取少许奶酪加入抹茶粉拌匀。将吐司随意掐成不规则的叶片形状，抹上抹茶奶酪，当作蔬菜。

3. 吐司芝士包做法：取少许奶酪加入草莓粉和杧果粉调成橙色，搅拌均匀。吐司切成芝士包形状，先涂上一层奶酪，再涂上两道橙色奶酪。

4. 吐司莲藕做法：吐司擀薄，切成藕片形状，用吸管压出洞，做出镂空的效果。

5. 吐司肉丸串做法：压几个吐司小圆片，和葡萄干穿在一起。

6. 吐司香菇做法：吐司压成圆片，周边一圈捏紧，四周抹上巧克力酱，中间留十字花纹。

7. 吐司金针菇做法：保留吐司的边，切成较细的长条，将吐司白色部分捏紧，成为金针菇的样子。将所有做好的火锅食材放入盘中。

/ 组合 /

8. 取 4 片吐司，3 片放入盘中，1 片切去内瓤，保留一圈吐司边，放在最上面，摆上制作好的吐司火锅材料。

画中旁白

1. 还可以做几个吐司辣椒作为装饰，方法是把吐司擀平，剪成辣椒的样子，再将奶酪中加入红丝绒液调成红色，抹上即可。
2. 可以随意创作，加入自己喜欢的火锅材料。

樱花卤肉饭

将花菜染色，做成樱花树，树旁有一只小狗在玩耍，树下藏着一份超下饭的卤肉饭。将饭拌一下，把对生活的期许和春日的美景一并吃下。

材料

五花肉……500克
花菜……1朵
青豆……适量
香菇、洋葱..各30克
米饭……1碗
料酒……10克
老抽……30克
生抽……10克
冰糖……1克
盐……适量
八角……3个
香叶……3片
白胡椒粉……少许
食用油……适量
红曲粉（或草莓粉）……少许

步骤

1. 五花肉切成1厘米见方的小丁。香菇、洋葱切成块。锅中倒入食用油烧热，放入五花肉丁炒至金黄色，再放入洋葱块、香菇块炒至出香味。

2. 加入料酒、老抽、生抽、冰糖、少许盐翻炒均匀。

3. 倒入水煮开，加入八角、香叶，焖煮30分钟。炖好的卤肉拣出八角和香叶，盛出备用。

4. 红曲粉放入碗中，加入水化开，将洗净的花菜倒扣在碗中，浸泡1小时左右，直接连水上锅蒸10分钟至熟。

5. 青豆焯水至熟，用料理机打成泥。热锅倒入食用油，放入青豆泥翻炒，加入盐、白胡椒粉调味，盛出备用。

6. 将红曲粉放入碗中，加少许水化开，放入部分米饭拌匀，成为粉色米饭。

7. 模具的四周抹上食用油。

8. 铺上一层粉色米饭。

9. 再铺上一层白米饭。

10. 把白色米饭的中间部分掏空，装入做好的卤肉。

11. 铺上青豆泥，脱模，装盘。插上花菜樱花树。

12. 剩下的白米饭捏成小狗饭团，摆在樱花树旁即成。

画中旁白

1. 米饭要压得紧实一些，这样插上花菜才能稳固。
2. 顶部的青豆泥也可以换成西蓝花碎。
3. 做卤肉时如果不想放八角、香叶，可以直接用五香调料包。

熊猫乐园培根芦笋饭

竹筒里藏着好吃的培根煎芦笋，上面是一只抱着芦笋的趴趴熊猫，小朋友玩得不亦乐乎。童心和童趣是大人的追忆，做一份童趣餐，与小朋友一起享受童心带来的乐趣。

材料

芦笋………… 200 克
培根………………1 包
菠菜……………… 适量
白米饭……… 1 大碗
生抽……………20 克
老抽………………5 克
蜂蜜……………20 克
料酒……………30 克
黑胡椒粉……… 少许
黑芝麻酱……… 少许
食用油………… 适量
树叶……………… 若干

步骤

1. 芦笋去皮，洗净，切成段，留几段芦笋头焯水后备用。
2. 芦笋段裹上培根，用牙签固定住。
3. 将老抽、生抽、蜂蜜、料酒混合均匀，制成酱汁。
4. 锅内倒入食用油烧热，放入培根芦笋卷，煎至培根微焦。
5. 倒入酱汁和水，烹至酱汁黏稠，收汁，撒上黑胡椒粉。做好的培根芦笋卷去掉牙签，备用。

6. 菠菜放入沸水中焯一下，加入适量水打成汁。

7. 取适量菠菜汁加入米饭中拌匀，将米饭放在两张保鲜膜中间，略压扁。找个杯子形状的容器，将米饭包在容器底部的外侧，压平整，整理成竹筒形状。再用勺子柄压出一圈压痕，做成竹节。

8. 取下容器，去掉上面的保鲜膜，装入满满一桶培根芦笋卷。竹节部位刷上一点儿菠菜汁加深颜色。

9. 再盖上一层白米饭，压平整。

10. 剩余的米饭分成两部分，一部分捏出熊猫身子和头，一部分加入黑芝麻酱调成黑色米饭，捏出熊猫的耳朵、胳膊和腿。

11. 组装好一只熊猫。米饭上放几段芦笋头，摆上熊猫，在竹筒米饭上插一些树叶即可。

画中旁白

1. 做竹筒形状的米饭时，也可以先将保鲜膜放入容器中，再装入米饭，整理成中间空的碗状，提出保鲜膜后，再整理一下米饭的形状。
2. 如果没有黑芝麻酱，也可以用海苔包住米饭，做出熊猫身上黑色的部分。
3. 竹筒边上插几片绿叶装饰一下，更加逼真有趣。

花花奶牛黑椒牛肉饭

简单的牛肉饭也可以整出新花样，将米饭做出奶牛身上的花纹，再把菌菇黑椒牛肉粒藏进里面。哇，一盘名副其实的“牛肉”饭就做好了，拌一拌，一口吃掉一头牛！

材料

牛里脊肉 ……260 克
白玉菇（切段）·· 50 克
青椒（切块）…1/4 个
白米饭……………1 碗
豌豆………………适量
盐…………………1 克
白糖………………1 克
黑胡椒粉…………少许
老抽………………15 克
蚝油………………8 克
料酒……………… 20 克
生抽………………10 克
食用油……………适量
黑芝麻酱…………适量
鸡粉………………适量
蛋清（熟）………少许
洋甘菊……………1 朵
千叶兰……………1 枝

步骤

1. 牛肉切粒，加料酒、生抽、黑胡椒粉和少许食用油腌制 20 分钟，放入锅中煎熟，备用。
2. 锅中放油烧热，下白玉菇段炒至微焦，再加青椒块翻炒片刻。
3. 倒入牛肉粒翻炒均匀。
4. 碗中放入老抽、蚝油和少许水，调成酱汁。
5. 将酱汁倒入锅中的牛肉粒上，加白糖，烹至收汁，再撒点儿黑胡椒粉。

6. 在慕斯圈模具内壁抹少许食用油，填入白米饭压紧，中间留个洞，装入烹好的牛肉粒。

7. 再盖上一层白米饭，压平整。

8. 取一小团白米饭，加黑芝麻酱拌匀。

9. 将黑芝麻米饭分成小团，放在保鲜膜上，再盖一层保鲜膜，压扁，做成奶牛花纹。

10. 白米饭脱模，将奶牛花纹贴在白米饭四周。

11. 将豌豆煮熟，打成泥，加黑胡椒粉、盐、鸡粉调味，平铺在奶牛米饭上。将熟蛋清压成花朵状，铺在豌豆泥上，点缀上洋甘菊和千叶兰即可。

画中旁白

1. 这里的顶部装饰用了千叶兰、洋甘菊和用白色熟蛋清压出的小花，也可以随自己的喜好进行装饰。
2. 米饭也可以做成圆形的，手边有什么模具就用什么即可。

蓝色海洋
鲜虾咖喱饭

对于海边长大的人来说，大海成就了夏天一半的快乐。阳光、沙滩、海浪、贝壳、汽水、冰激凌、女孩的吊带裙、男孩的人字拖，这些都是夏天海边的专属标签。简单又下饭的鲜虾咖喱饭，摆盘成海浪和沙滩的样子，任谁也很难拒绝这份来自海洋的鲜美吧！

材料

鲜虾…………150 克
土豆………………1 个
洋葱……………… 半个
白米饭 …………1 碗
咖喱………………1 块
蝶豆花粉……… 少许
食用油 ………… 适量

步骤

1. 土豆去皮，切成丁，放入蒸锅中蒸至六七成熟。洋葱去皮，切碎。鲜虾去壳、去头，挑去虾线，制成虾仁。

2. 锅内倒入食用油烧热，下入洋葱碎炒至透明，加入虾仁炒熟，盛出备用。

3. 锅内放入土豆丁，倒入两碗水煮开，加入咖喱，不断搅拌至其化开。

4. 用中小火煮至收汁、土豆一戳就烂的程度，加入炒好的洋葱碎、虾仁，搅拌均匀。

5. 蝶豆花粉加入适量水拌匀，倒入一部分白米饭中拌匀，做成蓝色米饭。

6. 取一小团白米饭置于保鲜膜中，捏实后压扁，用模具压出海豚、贝壳形状的小饭团。

7. 先将蓝色米饭摆入盘中，再取一些白米饭粘在上面，摆成海浪形状，盘中预留出“沙滩”的位置。

8. 摆上海豚饭团。

9. 向盘中空余的地方倒入做好的鲜虾咖喱，摆上贝壳饭团即成“沙滩”。

马格利特苹果饭团

勒内·马格利特被认为是超现实主义流派中最具有哲学思维的画家。今天的饭团将马格利特常用的云朵、青苹果元素叠加起来，削去果皮露出的是漂浮的云朵。正如超现实主义画家所表达的，合并并不相关的事物，探索现实之下隐藏的另一层现实。

材料

白米饭……… 1 大碗
蝶豆花粉…………2 克
肉松……………… 适量
炒肉丁………… 适量
胡萝卜丁（熟）……
…………………… 适量
玉米粒（熟）·· 适量
青豆泥………… 适量
薄荷枝……… 1 小段

步骤

1. 蝶豆花粉加少许水拌匀，倒入白米饭里，搅拌均匀，制成蓝色米饭，平铺在保鲜膜上。

2. 放上肉松、炒肉丁、熟的胡萝卜丁和熟的玉米粒作为内馅。

3. 借助保鲜膜，用蓝色米饭将内馅包好，整理成苹果的样子。

4. 取少许白米饭，分成若干份，用保鲜膜压平，做成云朵形状。

5. 将做好的云朵贴在苹果上，将青豆泥抹在底层，再插上薄荷枝作为苹果的把和叶子。

画中旁白

1. 内馅可以根据个人的喜好调整，注意，不要使用酱汁多的材料做内馅。
2. 青豆泥可以用西蓝花碎代替。

粽子水饺

又至一年端午时，将千年的传承与美好的祝福一起裹进一个个粽子里。连水饺也能做成粽子的模样，装饰上各种有趣的表情，成为捧在手心里的小可爱。

材料

饺子皮

- 中筋面粉…… 300 克
- 水……………145 克
- 盐………………1 克
- 甜菜根粉………2 克
- 大麦若叶粉 …10 克
- 竹炭粉…………3 克

馅料

- 猪肉（九瘦一肥）…………………… 200 克
- 卷心菜…………30 克
- 蚝油……………5 克
- 食用油…………15 克
- 盐、葱末、姜末………………………各少许

步骤

1. 中筋面粉加入盐混合，再加入水搅拌成絮状，揉成面团，醒发 15 分钟后再揉 3 分钟。取三分之一的面团，用大麦若叶粉调成绿色。取两小块面团，分别用甜菜根粉和竹炭粉调成粉色和黑色。
2. 白色面团分成 15 克一个的剂子，压扁，擀薄。
3. 对折，从中间压断，分成两部分。
4. 猪肉、卷心菜分别剁碎，加入其余的馅料材料拌匀成饺子馅。取一片饺子皮，接口处捏紧，包入馅料，再捏紧，收口朝下。
5. 绿色面团压扁，擀薄，包在饺子上，当作粽叶。
6. 包上另一片绿色面皮，用黑色面团和粉色面团做成表情和装饰物，粘在上面。做好的饺子放入蒸锅，上汽后蒸 15 分钟。

晴天香椿水饺

一款可爱到看一眼就能被治愈的水饺，湛蓝的天空上点缀着萌萌的云朵，让人感到“生活明朗，万物可爱”。香椿是一种自带香味的食物，喜欢它的人会很喜欢，不喜欢它的人是真的讨厌。所以你是喜欢还是讨厌呢？

材料

饺子皮

- 中筋面粉…… 200 克
- 水………………95 克
- 盐…………………1 克
- 蝶豆花粉、竹炭粉、大麦若叶粉、甜菜根粉…………各少许

馅料

- 猪肉………… 250 克
- 香椿…………150 克
- 食用油…………10 克
- 姜末……………5 克
- 葱末……………5 克
- 盐…………………1 克
- 鸡精………………1 克
- 白胡椒粉……0.5 克
- 酱油…………10 克
- 蚝油…………10 克
- 葱油…………10 克

步骤

/ 饺子皮 /

1. 中筋面粉加入盐混合，再加入水搅拌成絮状，揉成团后盖上保鲜膜，醒发 15 分钟，揉 3 分钟，再醒发 15 分钟。留一块白色面团，剩余面团分成四份，分别加入蝶豆花粉、竹炭粉、大麦若叶粉、甜菜根粉调成蓝色、黑色、绿色、红色面团。

2. 取一块白色面团擀薄，用花形模具压出花朵，用手拉一下花瓣，让它变成云朵状。蓝色面团擀薄，将云朵黏在蓝色面皮上，擀平。（白色饺子皮以白色面团为底，蓝色面团做云朵。）

/ 馅料 /

3. 香椿放入沸水锅中，焯至变色后捞出，挤干水后切碎。

4. 猪肉剁碎，加入香椿碎拌匀，再加入其余的馅料材料，顺时针搅打均匀。

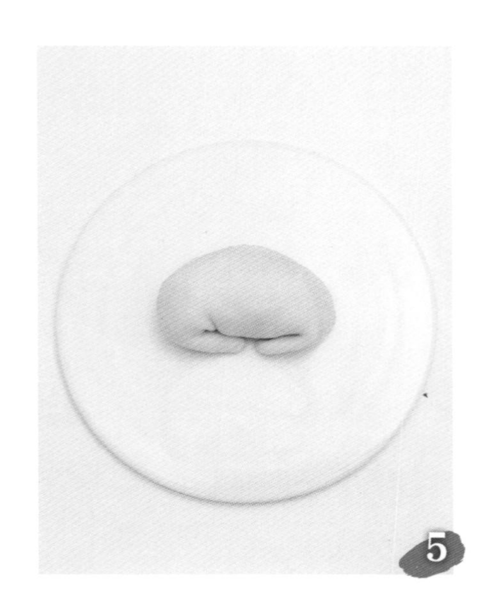

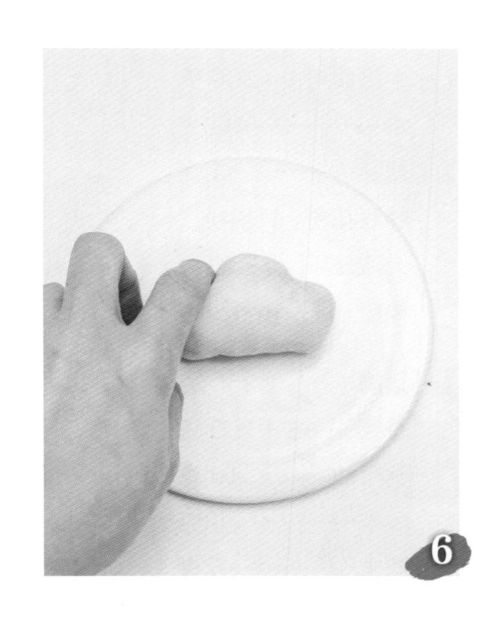

/ 组合 /

5. 在饺子皮中间舀入一勺馅料，两端捏紧，两头向后下方折。

6. 用手整理出云朵的形状。

7. 用黑色面团做出眼睛，红色面团捏出鼻子和腮红，蓝色面团捏出冷汗及帽子，粘在云朵水饺上。做好的水饺蒸锅上汽后蒸 15 分钟。

草间弥生 雪媚娘

艺术和美食一样，都拥有无限的治愈力。对于从小饱受精神疾病困扰的草间弥生来说，艺术是她人生的出口和归宿。她的作品中，有对生命的思考，对爱的追寻，对生命的敬畏，对宇宙的想象。波点南瓜正是她的代表作之一。这次把雪媚娘做成草间弥生艺术品的模样，在另一种形态里感受艺术带来的美好。

材料

雪媚娘皮

- 糯米粉…………55 克
- 细砂糖…………25 克
- 玉米淀粉………15 克
- 黄油……………10 克
- 牛奶……………85 克
- 食用色素（红色）……………………少许

夹心

- 淡奶油……… 200 克
- 饼干碎………… 适量

步骤

/ 雪媚娘皮 /

1. 牛奶里加入细砂糖、黄油，加热搅拌至化开，倒入混合好的糯米粉和玉米淀粉，翻拌均匀。盖上保鲜膜，扎上洞，蒸锅上汽后蒸 20 分钟，取出后用刮刀翻拌成面团。

2. 将面团揉成光滑并且可延展的状态。

3. 将面团平均分成 6 份，取 1 份面团，加入红色食用色素，揉成红色面团。

/ 夹心 /

4. 将淡奶油打发好，加入饼干碎拌匀，装入裱花袋中。

/ 组合 /

5. 将白色面团擀薄成面皮，放入模具中。

6. 挤入淡奶油。

7. 像包包子一样包好。

8. 放入冰箱中冷冻 30 分钟定形，取出后用绳子绑成南瓜状。再冷藏 2 小时，解开绳子。

9. 将红色面团擀薄成面皮，用模具压出大小不一的圆点，并做出南瓜蒂。

10. 圆点背后刷点水，交错粘在南瓜上，再在南瓜的顶部粘上南瓜蒂。